日の丸を揭げたUボート

内田弘樹

イカロス出版

■「日の丸を掲げたUボート」関連地図（大西洋方面）

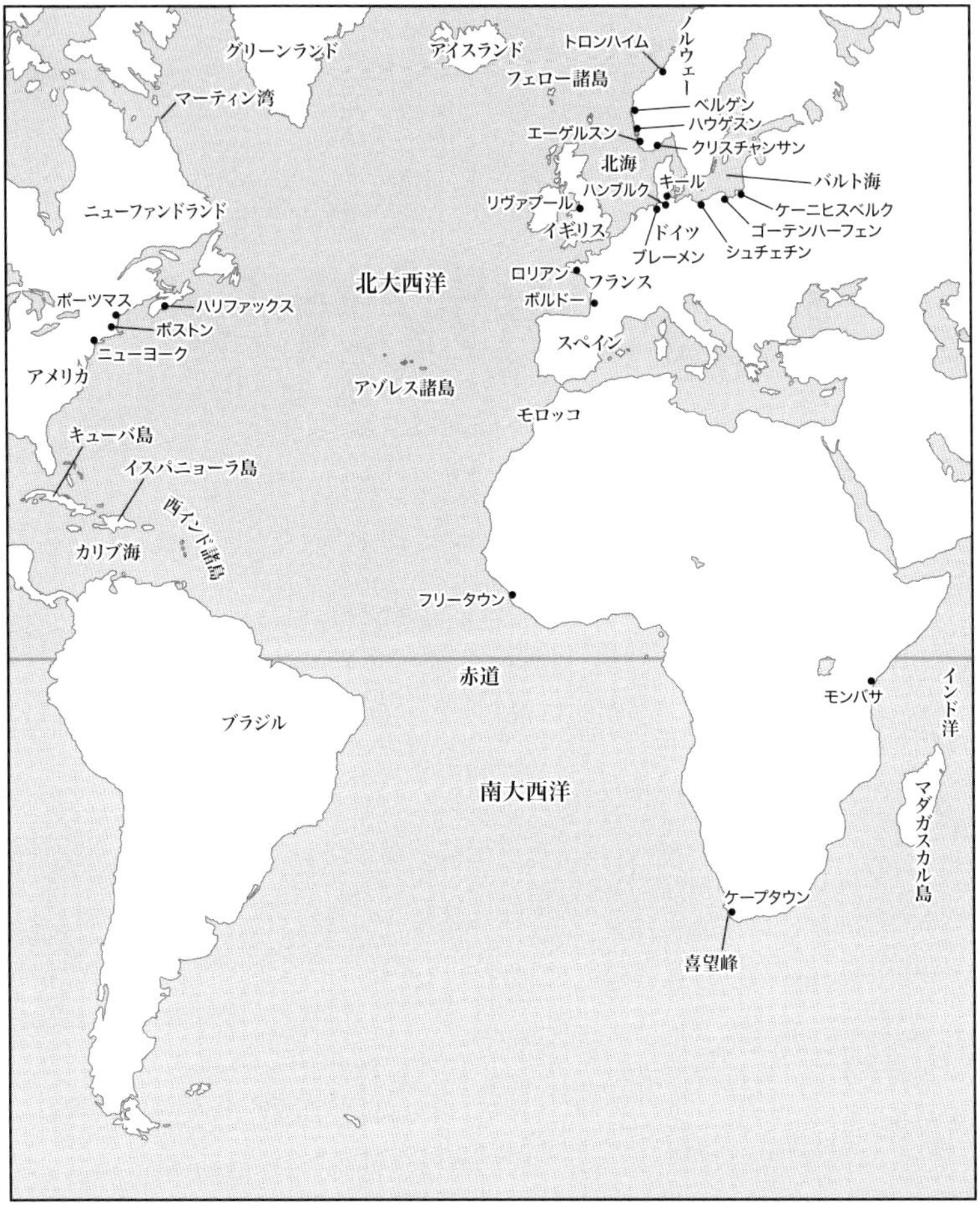

■「日の丸を掲げたUボート」関連地図（インド洋・太平洋方面）

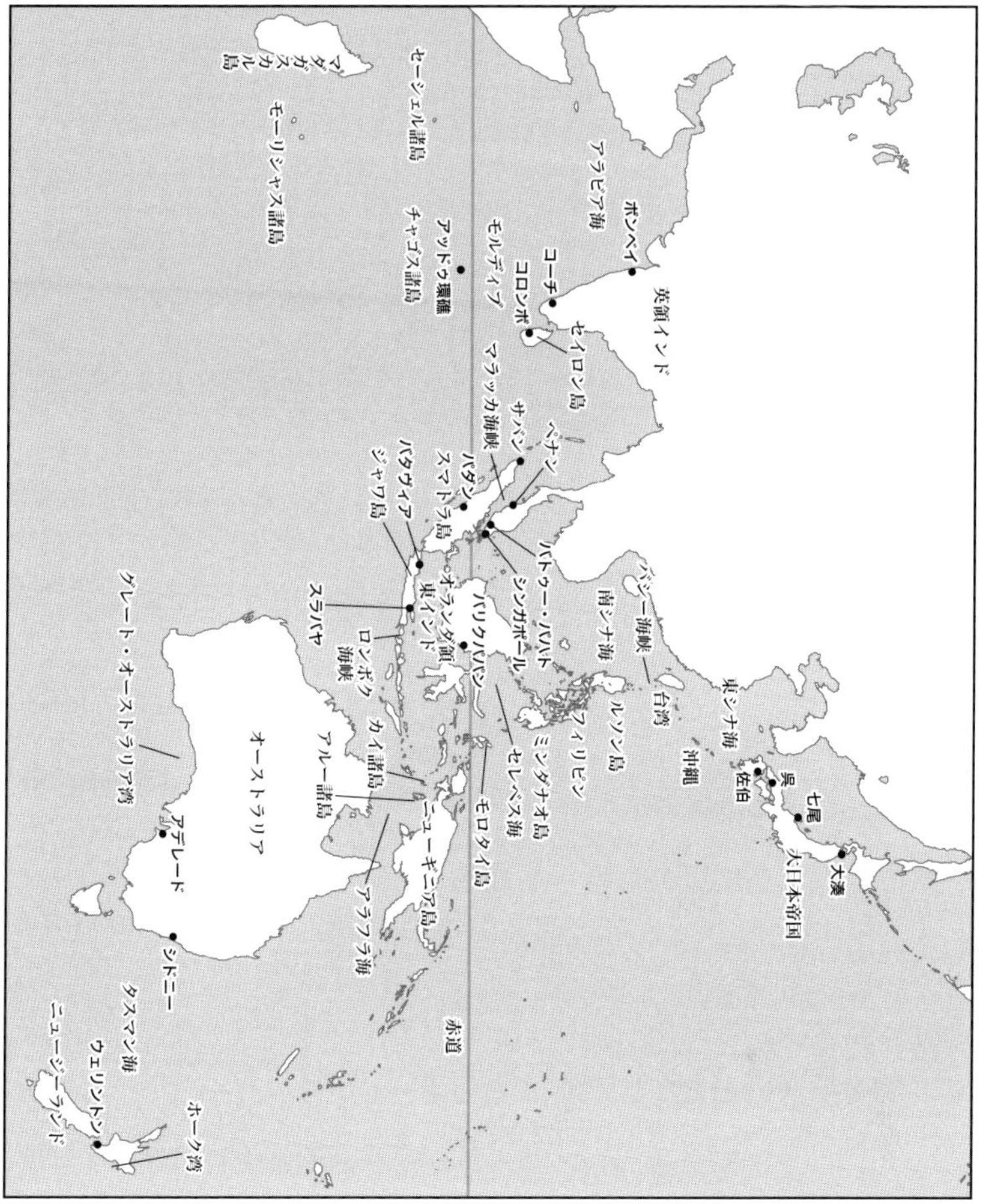

図版／おぐし篤

はじめに

太平洋戦争で、日本はドイツ、イタリアと同盟を組み、イギリスやアメリカと戦いました。日本とドイツ、イタリアは遠く離れており、お互いの連携が行いにくい状況にありました。

しかし、その中でも日本海軍とドイツ海軍、イタリア海軍は、多数の艦艇・船舶を太平洋、インド洋、大西洋の間に行き来させ、どうにか連携を行おうとしていました。

そうした艦艇・船舶、そしてそれに乗り込んだ兵士たちの多くは悲劇的な最期を遂げることになりましたが、一方で、両者にとって様々な、エキゾチックでミステリアスな交流も生まれました。

本書はそうした興味深い歴史の一部、特に、太平洋で活動したドイツ海軍の潜水艦（Uボート）の活動を紹介することがテーマとなっています。

果たして、ドイツ海軍の将兵たちに、日本の人々はどう映ったのか。

果たして、日本海軍の将兵たちに、ドイツの人々はどう映ったのか。

戦時下で生じた異文化交流を通じて、私たちの祖父や曾祖父たちが関わった約80年前の戦争に、魅力的な視座を提供できたなら、と思っております。

お楽しみいただけると幸いです。

なお、本書の執筆には、多数の組織・個人の協力を得られました。また、多数の文献、インターネットサイトも執筆の参考とさせていただきました。紙幅の都合上、そのすべてに言及することは叶わないので、ここですべての関係者の皆様に御礼を申し上げたいと思います。

誠にありがとうございました。

この悲劇が二度と繰り返されないことを祈って。

2023年10月　内田弘樹

目次

初出一覧（いずれも同人誌【太平洋戦争の灰色狼（Uボート）たち】シリーズ）
第一章第一節・第二節：「呂五〇〇『ヒトラーからの贈り物』呂号第五〇〇潜水艦（U-511）の奇跡」2018年12月
第一章第三節：「沖縄決戦とドイツ海軍」2021年4月
第二章第一節：「伊五〇一／五〇二、終戦後の戦い」2019年4月
第二章第二節・第三節：「日独潜水艦隊、南太平洋の激闘！」2019年8月

第一章
旭日旗を掲げたUボートたち

太平洋戦争中、ドイツ海軍はUボート(潜水艦)のU511を日本海軍に譲渡しました。U511は呂500と名を変え、日本海軍と戦後の日本に大きな影響を与えました。本章では「旭日旗を掲げたUボート」の代表格であるU511と、同艦の艦長に率いられて、日の丸を描いて太平洋に出撃したU183の戦歴をご紹介します。

第一節　ヒトラーの贈り物　U511／呂500（前）

若狭湾の海底で発見された、日本海軍の「Uボート」

2018年（平成30年）6月20日、ある偉業の達成が日本中に伝えられた。

京都府舞鶴市沖に広がる若狭湾の海底において、旧日本海軍の潜水艦、呂500（旧名U511）が、他の2隻の潜水艦（伊121、呂68）とともに発見されたのである。

発見したのは、当時、九州工業大学社会ロボット具現化センター長・特別教授だった浦環氏が率いる一般社団法人「ラ・プロンジェ深海工学会」のチームである。

発見作業は同チームが操縦するROV（遠隔操作探査機）で行われた。探索作業は浦氏やその関係者によるSNSでのツイート、そして「ニコニコ動画」による生放送で全国に発信され、多くの日本人の注目を呼び、発見から数日間、新聞紙面やTVニュースを賑《にぎ》わせた。

浦氏の「ラ・プロンジェ深海工学会」のチームは、これまでにもいくつもの大きな発見成果を得ている。

例えば2017年（平成29年）7月には、長崎沖の五島列島の海底に沈む日本海軍の潜水艦群の個別艦名の特定を進め、さらに8月には、その中でも名の知られている伊58（米重巡「インディアナポリス」を撃沈）と呂50（日本で建造された呂35型潜水艦18隻の中での唯一の生き残り）をROVで映像として捉えることに成功した。しかも、この一連のプロジェクトでは、ターゲットの一つだった伊47が海底に（まさしく墓標のように）突き刺さっているという衝撃的な事実をお茶の間に広めることに成功した。

呂500の発見は、それに続く大きな功績であり、同時に、歴史的に深い意味も伴っていた。

何故ならば呂500は、その旧名から察せられる通り、元々はドイツ海軍から日本海軍に譲渡するために、はるばるドイツから日本に向かったUボートであり、日独が大戦中に行った軍事的な連携の具体的な成果の一つと言えるからだ。

呂500の来歴を知ることは、日本の現代史において極めて稀な「戦時における他国との協同作戦」を知ることに繋がる。特にドイツ人Uボート乗組員が戦時中の日本で何を見て、どんな体験をしたのかは、日本人にとって共通の興味となりえる。なお、「ラ・プロンジェ深海工学会」の浦氏は「呂500潜水艦探索プロジェクト」クラウド・ファンディング公式HPにて、「海上自衛隊員がドイツ海軍軍人に『70年前に日本に送った呂500はどうなっている』と聞かれ、返答に窮した」というエピソードを聞いたことが、プロジェクトを始動した動機の一つだと記している。

また、呂500をはじめとするUボートには当時のドイツの工業技術が反映されており、戦中に日本がその結晶を手にしたことは、戦後の復興の促進に繋がったとも言われている。呂500の来歴を知ることは、日本の戦後復興のルーツを知ることにもなるかも知れない。

では、呂500／U511は具体的にどのような艦歴を歩み、どのような日独の連携を生み出したのだろうか。また、戦後には何を残したのだろうか。

U511の建造

第二次世界大戦で、ドイツ海軍は潜水艦による通商破壊戦を作戦行動の中核の一つとしていた。

ドイツ海軍は敵であるイギリス海軍に対して、主に水上戦力の面で圧倒的に不利であり、まともに戦っても勝ち目はない。このためドイツ海軍は、大量に量産が可能な潜水艦……Uボートを主力とする潜水艦隊を構築し、これを北海や大西洋に出撃させ、イギリスをはじめとする連合国の輸送船団に打撃を与えることを目標とした。イギリスは日本と同じ島国であり、輸送船を通じて国外から物資がもたらされなければ経済が困窮し、戦争の遂行が不可能になってしまう。ドイツ海軍はその実現に狙いを定めた。

ドイツ海軍は自らの戦略に従い、Uボートの大量建造に踏み切った。開戦時、ドイツ海軍は57隻のUボートを保有していたが、終戦までに１１５４隻を投入するに至った。このうち主力となったのは排水量７００トン程度の中型潜水艦、Ⅶ型シリーズで、改良を重ねながら合計で７００隻以上が建造された。

なお、Ⅶ型は日本海軍では中型潜水艦、呂号潜水艦のクラスに分類される。呂号潜水艦は太平洋戦争で日本潜水艦部隊の補助的な役割を担っており、その主力はより大型（排水量１０００トン以上）の伊号潜水艦だった。これは日本海軍が潜水艦部隊に遠隔地での長期の作戦を求めていたことが原因となっている。

ドイツ海軍の潜水艦作戦により、連合軍の輸送船は甚大な損害を被った。戦時中にUボートの攻撃で失われた連合軍の船舶は２６０３隻、総計１３５７万総トンにも及び、これはイギリスが戦前に保有していた船舶全体の総トン数に匹敵する。

しかし、大戦中盤までは猛威を振るったUボートも、その後は連合軍の対潜技術の進歩や船団護衛システムの進化、大量の船団護衛艦艇の就役により、その活動を抑え込まれるようになり、最終的にドイツ近海での作戦さえままならない状況に陥った上で終戦を迎えた。失われたUボートの数は６７８隻、戦死者は3万３０００名にも上る。

その失われたUボートのリストの中に、今回のエピソードの主役、Ｕ５１１は含まれていない。少なくともＵ５１１は戦争を生き残ることができたからだ。そしてその理由には運や乗組員の錬度だけでなく、このUボートの辿った数奇な運命が関係していた。

ドイツ海軍Uボート、Ｕ５１１は１９４１年（昭和16年）２月21日、ハンブルクのドイチェ・ヴェルフト（ドイツ造船所）でⅨＣ型Uボートの1隻として起工された。９月22日に進水を果たし、12月８日に進水した。この日は日本の対米英蘭開戦日で、実に運命的である。

艦長はフリードリヒ・シュタインホフ大尉。１９０

9年（明治42年）7月14日生まれで、1935年（昭和10年）に海軍士官候補生となる前は商船社員だった。

1941年3月にUボート部隊に配属され、10月にU96の乗り込みに。そこでの3カ月間の勤務とその後のピラウでの艦長訓練を経て、U511の初代艦長となった。

U511の艦型であるⅨC型は、ドイツ海軍が戦前戦中にかけて建造したUボート、Ⅸ型シリーズの一つだった。

Ⅸ型は水上排水量約1000～1600トンの、Ⅶ型より大型のUボートとして設計された。その設計意図はⅦ型よりも航続力を増大させ、遠隔地での作戦を実施する点にある。ドイツ海軍は戦前、潜水艦部隊の作戦海域を英国本土周辺と考え、Ⅸ型をあくまで補助的な存在と考えていたが、ドイツ海軍の作戦海域が大西洋にまで拡大したことで需要が増大、最終的に全シリーズ合わせて283隻が建造された。

U511の属するⅨC型はⅨ型シリーズの中期型で、54隻が建造された。水上排水量は1120トン、航続距離は水上航行10ノットで1万3450浬。これはドイツからインド洋まで一度の補給で到達可能な性能となる。このため、ドイツ海軍は後のU511の派遣を含めたインド洋でのUボート作戦に、ⅨC型やその発展型であるⅨD型を多数送り込むことになる。

なお、第二次世界大戦時のUボートを含めた各国潜水艦は、現代の潜水艦と異なり、移動はディーゼルエンジンによる水上航行が基本である。これは当時の蓄電池の性能の限界により、電力を用いた水中での高速・長距離の移動が困難なため、水上の空気を取り込みながらのディーゼル航行を主に用いざるを得なかったことが原因である。U511もその例外ではなく、基本の移動は水上航行だった。また、同じ理由により、輸送船を襲撃する場合も水上で魚雷や主砲を使用することが基本戦術となっている。

しかし、大戦後半になると、連合軍の対潜技術の向上により、昼間・夜間問わず、潜水艦の水上航行は危険な行動になった。ドイツ海軍はこの問題を解決するために様々な策を取ることになる。

U511は進水した12月8日から第4Uボート小艦隊の配属になり、ハンブルク、キール、シュチェチン、ゴーテンハーフェン（現在のポーランド領グディニャ）、ピラウなどを移動しながら、艦の試験と乗組員の訓練を行った。

当時は大西洋での通商破壊戦が激化しつつあり、前線では1隻でも多くのUボートの参加が期待されていた。この時点でU511はドイツ海軍において、何か特別なものを背負っているわけではないUボートだったと言える。

訓練は1942年（昭和17年）5月末まで続けられ、その後の約1カ月間は造船所における最終調整に費やされた。U511のUボートとしての錬度は、それまでに実戦投入可能なレベルになったと思われる。

だが、このU511の初陣前の期間には、重要な幕間劇がある。

それも、戦後の日本を含めた世界情勢に影響を与えたかも知れないという……。

ペーネミュンデ沖合でのロケット発射実験

1942年5月31日から6月4日にかけて、U511はバルト海のペーネミュンデ沖合に展開していた。

ペーネミュンデはドイツ北部のウーゼドム島にある村の名前である。第二次世界大戦中、ペーネミュンデ陸軍兵器実験場が置かれ、ドイツ陸軍の主導の下、数々のロケット兵器の開発が行われていた。人類最初の弾道弾として有名なV2ロケット（A4ロケット）もこのペーネミュンデで開発された。ペーネミュンデ陸軍実験場の技術責任者はヴェルナー・フォン・ブラウンで、彼こそがV2ロケットの開発者であり、そして戦後のアメリカにおける宇宙開発の中心となる人物だった。

そのようないわくつきの場所にU511が来航したのには理由があった。U511はペーネミュンデ実験場の協力の下、「Uボートによる史上初の対地ロケット弾の水上／水中発射実験」に携わることになったのだ。

実験を主導したのは他でもないＵ５１１艦長のフリードリヒ・シュタインホフと、彼の兄でペーネミュンデの技術者、エルンスト・シュタインホフだった。

エルンスト・シュタインホフは１９０８年（明治41年）２月11日に生まれ、海軍士官への道を進んだ弟と違い、航空・ロケット工学の道を進んだ。１９４０年（昭和15年）にダルムシュタット工科大学で航空機材に関する博士論文を発表し、博士号を取得した。

その後、ペーネミュンデ陸軍兵器実験場のロケット開発スタッフとして引き抜かれ、フォン・ブラウンが研究していたＶ２ロケットの誘導システムや自動姿勢制御システムの開発を担当した。戦後はフォン・ブラウンたちとアメリカに渡り、鹵獲《ろかく》されたＶ２ロケットの発射実験や新型の弾道ミサイルの開発に関与、アメリカの核戦略の重要な担い手となった。

Ｕ５１１による対地ロケット弾発射実験は、兄弟二人の会話から着想されたという。確かに潜水艦にロケットを積めば、敵に見つかることなく目標まで接近できるし、隠密裏に発射が行える。

実験にはフリードリヒのＵ５１１が使用された。搭載されたロケット兵器は、陸軍の「ネーベルヴェルファー」の一種である１９４２年式30㎝ロケット弾とその発射器（30㎝ＮｂＷ42）。最大射程約４５５０ｍのロケット弾を発射する兵器で、野戦でも大いに活躍した。

実験は数段階に分かれて行われた。まず、１９４２年５月14日と15日に海岸から、５月27日と28日に海底から発射実験が行われ、次いで６月４日には、Ｕ５１１の艦上に設置された発射器から発射実験が行われた。Ｕ５１１は浮上した場合と、潜望鏡深度12ｍの場合の双方でロケットを発射した。

成果は期待通りのものとなった。Ｕ５１１から発射されたロケット弾は、いずれの場合も３０００～４８００ｍの距離を飛翔した。実験は成功し、Ｕボートによるロケット兵器の運用の可能性が切り開かれた。

しかし、この実験の成果は後に繋がらなかった。ドイツ海軍はＵボートに対潜護衛艦への攻撃手段として、あるいは対地攻撃用としてロケット弾装備の研究を進めたが、実用化には至らなかった。１９４４年（昭和19年）には、黒海のドイツ海軍Uボート3隻（U9、U19、U24）が、黒海沿岸のソ連領の油田に対する攻撃のためにロケット弾の艦上発射実験を繰り返したものの、実際の攻撃には至らなかったと言われている。

だが、Ｕ５１１による実験の成功により、潜水艦からロケット弾を発射して対地攻撃を行うというアイデアの先鞭《せんべん》は付けられた。

このアイデアは後に、UボートにＶ２ロケットを搭載した収容兼発射コンテナを曳航させて、洋上でＶ２ロケットを発射してアメリカ本土のニューヨークを直接叩くという野心的なプランに繋がっていく。

また、この計画は敗戦で放棄されたものの、戦後、アメリカやソ連はこのアイデアをさらに進化させ、弾道弾搭載型の潜水艦を誕生させている。Ｕ５１１とシュタインホフ兄弟による実験は、戦後のアメリカやソ連の、核戦略のルーツとなった可能性がある。

Ｕ５１１は後に日本への回航という偉業を成し遂げるが、後の歴史に与えた影響としては、こちらの方が大きいかも知れない。

しかし、この二人のアイデアは、後に弟のフリードリヒ・シュタインホフに、皮肉な形で襲い掛かることになる。

大西洋の戦いと新艦長フリッツ・シュネーヴィント中尉の就任

１９４２年7月16日、調整を終えたＵ５１１は前線での作戦に参加するべくキール軍港を出撃、ノルウェーのクリスチャンサンを経由して大西洋、カリブ海に向かった。この時点での所属は第10Uボート小艦隊である。

Ｕ５１１は75日間の戦闘哨戒を行い、この中でイギリスの油槽船「サン・ファビアン」とオランダの油槽船「ロッテルダム」を撃沈、アメリカの油槽船「エッソ・アルバ」を撃破することに成功した。戦果の合計トン数は約3万トンである。

9月29日、Ｕ５１１はフランスのロリアンに帰還、艦のオーバーホールと乗組員の休息に入る。

約3週間後の10月24日、U511は2度目の戦闘哨戒に出撃した。次の狩り場は北アフリカ西部沿岸である。この時期、北アフリカでは連合軍がモロッコに上陸、多数の輸送船が往来していた。U511はこれを狙うことになった。

だが、1カ月後の11月28日、U511はフランスのロリアンに帰還していた。戦果は1隻もなし。原因は艦長フリードリヒ・シュタインホフが激しい下痢と胃の痛みを伴う病気にかかり、艦の指揮が不可能になったことだった。

1カ月後の12月18日、フリードリヒ・シュタインホフはU511を降りることになった。シュタインホフは少佐に昇進し、第7Uボート小艦隊のスタッフとなった。その後、シュタインホフは1944年1月に新鋭のⅨD2型Uボート、U873の艦長となり、実戦に復帰した。

U511の新たな艦長に補されたのは、フリッツ・シュネーヴィント中尉だった。


フリッツ・シュネーヴィントは1917年（大正6年）4月10日、蘭印（オランダ領東インド。現インドネシア）のスマトラ島パダンにて、現地在住のドイツ人、パウル・シュネーヴィントとマライ・ジョゼフィーヌ・シュネーヴィントの間に生まれた。父、パウルはパダンにおいてドイツ領事として働いていた。当時の蘭印にはドイツ人移民が多数暮らしており、戦前には約3000人のドイツ人がいたという。パウルはドイツ領事として、そうしたドイツ人たちの支援を行っていたのだろう。なお、マライはフリッツを生んだ3年後の1920年（大正9年）に死去しており、パウルはその後、アンナ・ルイズ・ローラーと再婚している。

フリッツ・シュネーヴィントには一人の姉と一人の妹、二人の弟がいた。姉以外は後妻のアンナの子供だ。このうち、次男のホルスト・シュネーヴィントは兄と同じようにドイツ海軍に入隊し、後にシンガポールでドイツ海軍のUボート、UIT25の乗組員となる。

フリッツ・シュネーヴィントにとって、海は身近な存在だった。何故ならば彼の生まれたパダンはスマトラ島西岸で最大の港町であり、父親のパウルが勤めていたドイツ領事館はパダンの海岸際にあったからだ。彼が子供の頃から海に憧れを抱いていたとしても不思議ではない。

彼が海軍に入る直接のきっかけになったのは、１９２７年（昭和２年）３月、彼が暮らしていた蘭印に軽巡「エムデン」が来航した際だったという。当時、「エムデン」は練習艦として使用されており、１９２６年（大正15年）からドイツ海軍の士官候補生たちを連れて、練習航海のために世界各地を訪れていた。なお、「エムデン」は１９２７年、１９３１年（昭和６年）、１９３７年（昭和12年）の３回にわたって日本を訪れており、２度目の来日では古鷹《ふるたか》型重巡「加古《かこ》」との交換見学会が行われ、３度目の来日では「エムデン」艦長が天皇陛下（昭和天皇）に拝謁する栄に浴している。

フリッツ・シュネーヴィントはパダン港に「エムデン」が来航した際、これを見学し、深い感銘を受けた。当時少年だったフリッツはこの経験から祖国ドイツで勉強し、将来は海軍の士官となることを希望した。父パウルはこれに大いに賛同したという。

フリッツ・シュネーヴィントはその後、ドイツに旅立って学生となり、１９３５年に士官候補生として海軍に入った。

開戦後の１９４０年10月には潜水艦部隊に配属され、１９４１年３月までに総合的な訓練を受けた。９月、初期のＵボート・エースであるエーリッヒ・ヴェルデマン率いる新鋭艦のⅨＣ型Ｕボート、Ｕ５０６に乗り組みを命じられ、第１士官として１９４２年11月まで任を果たした。この間、Ｕ５０６は大西洋で複数の航海を行い、10隻以上の輸送船を撃沈破するという大きな戦果を挙げている。

１９４２年９月には有名なラコニア号事件（ドイツ海軍のＵボート、Ｕ１５６が英軍隊輸送船「ラコニア」を撃沈し、周辺のＵボートとともに乗組員の救助を行っていたところ、米陸軍機による攻撃が行われたためＵ１５６はやむを得ず潜航、甲板上に収容していた「ラコニア」乗組員が海に投げ出されて多数が死亡した事件。この事件を受け、ドイツ海軍はUボート艦長たちに、今後自らが沈めた輸送船の乗組員の救助を禁止すると命じた）にも巻き込まれ、洋上で151名の乗組員を救助。その後に米陸軍機の攻撃を受けたものの、間一髪のタイミングで潜航に成功し、沈没を免れた。

3度目の戦闘哨戒の後、シュネーヴィントはU506を降り、1カ月間の艦長訓練を受け、12月18日、同じⅨC型のU511の艦長に着任した。当時、シュネーヴィントは25歳。Uボート艦長としては若手に属する。

フリッツ・シュネーヴィントは、Uボート艦長として相当に優秀な人物だったようだ。

後に駐独日本大使館付武官として伊29でドイツに渡る小島秀雄少将がシュネーヴィントにペナンで出会った際の回想によると、「若いが注意深く、態度が非常に立派で、決断力もあり、明快な答えをする人」、同じくペナンで第八潜水戦隊参謀として彼と出会った酒井進中佐は「やせて背の高い、どこか東洋的なムードをもった温和《おとな》しい士官」と評し、さらに後にU511の日本回航に同行した野村直邦中将も「弱冠ながら、非常に明敏な上、努力家でもあり、乗組員からの信望も篤く、誠に名潜水艦長であった」と回想している。

艦長がフリンツ・シュネーヴィントに交代した2週間後の12月31日、U511はロリアンを出港、中部太平洋で3度目の戦闘哨戒を行った。

この戦いでU511は3隻目の獲物となる輸送船「ウィリアム・ウィルバーフォース」を撃沈、撃沈スコアに新たに5000トンを追加した。

1943年（昭和18年）3月8日、U511はロリアンに帰還。十分な習熟期間がなかったにも関わらず、シュネーヴィントはU511を巧みに操ったと評価された。彼のUボート艦長としての手腕が示された出撃だったと言える。

だが、この後、U511とシュネーヴィントの運命は、大きく揺り動かされる。

きっかけは、ドイツとその同盟国、日本との外交により、U511の日本への譲渡が決定したことだった。

U511、「ヒトラーの贈り物」に！

1942年夏以降、日本とドイツはともに英米と戦う同盟国でありながら、冷え切った関係にあった。原因はインド洋での日独協同作戦に向けての調整の失敗による。

1942年春の段階で、ドイツは北アフリカで攻勢を行っており、これに呼応した日本海軍のインド洋での作戦実施を要望していた。エルヴィン・ロンメルのドイツ・アフリカ軍団のエジプト侵攻に合わせて、日本海軍がインド洋で攻勢を行えば、連合国側に多大な負担を強いることができる。

一方、日本海軍もドイツ海軍にインド洋での活発な作戦を望んでいた。日本海軍はアメリカとの太平洋での戦いを主軸に据えており、インド洋に展開する戦力に不足を感じていた。ただ、それでも日本海軍はドイツの要望に応えるべく、4月のインド洋作戦の後、さらに夏季以降にインド洋での作戦を考え、ドイツ側に実施を伝えていた。しかし、ミッドウェー海戦の大敗（6月）と米軍のガダルカナル島上陸（8月）でその余力がなくなり、ドイツ側に何の説明もなく延期してしまった。この日本の態度にドイツ側は不信感を強め、以後、日本との実務的な交渉は停滞することになった。

ただ、日独の連携が完全になくなることはなかった。日独の間では少数の封鎖突破船（単艦で太平洋、インド洋、大西洋を突破して物資・人員を運ぶ輸送船。柳船、柳輸送とも呼ばれた）や通商破壊戦用の仮装巡洋艦が往復していた。また、伊号潜水艦によるドイツへの連絡も行われていた（この時点では第一次遣独艦の伊30がロリアンまで赴き、その後にシンガポールで沈んだのみ）。1943年4月末にはインド独立の志士チャンドラ・ボースのドイツから日本への渡航のため、マダガスカル沖でドイツ海軍のU180と伊29の会合も行われた。この作戦は完全な成功を収め、チャンドラ・ボースは自由インド仮政府とインド国民軍の指導者となった。

1942年末、劣勢の戦局を打開するべく再び日独の交流が盛んになり、お互いの作戦要望について意見が交換されるようになった。

1943年2月、大島浩駐独大使とヒトラーの会談において、ヒトラーから「日本海軍によるインド洋における通商破壊戦の強化を条件に、ドイツ海軍のUボート2隻を譲渡する」という提案が行われた。この時期、日本海軍ではミッドウェー海戦やガダルカナル戦の戦訓を反映し、潜水艦部隊の作戦の主軸を通商破壊戦に移すべきでは、という意見が大きくなっており、その話はドイツ側にも伝えられていた。おそらくこれがヒトラーの判断の前提だったと思われる。

この提案は、しかしドイツ海軍、そして大島大使にとって寝耳に水の出来事だった。ドイツ海軍総司令官カール・デーニッツは「1隻でも多くのUボートが大西洋での作戦で必要なのに……」ということで反対したが、ヒトラーはこれを押し切り、また大島も、リッベントロップ外相からの「日本政府側の潜水艦譲渡希望の申し入れは、日本海軍が将来、敵の交通破壊戦を強化することを確言したものと了解してよろしいか」という質問に、「日本海軍を信用してください」と答えて受諾してしまった。

この会談の結果を受け、ドイツにおいて日本海軍部局とドイツ海軍の交渉が行われた。この交渉で日本側の主役となったのは当時、ベルリンに赴任していた野村直邦中将だった。

交渉により、ドイツ海軍が引き渡すUボートのうち、1隻が日本に渡航した後に日本海軍に引き渡され、もう1隻は日本の遣独潜水艦がドイツに運んできた乗組員に訓練を行い、日本に向かうことになった。

なお、U511の譲渡とそれに掛かる費用については、当時、駐独日本大使館付武官だった渓口泰麿中佐によると、「日本の商社とドイツの商社の間で行われたU511に関連する兵器や機関などのライセンスの件で様々なトラブルが生じていたが、その決裁を大島閣下がリッベントロップ外相を通じてヒトラーに求め、ヒトラーの採決によりすべて無償で引き渡されることになった」という。

もちろん、日本海軍はただ2隻のUボートを譲り受けるだけではない。ヒトラーの意向はUボート2隻を元にしたインド洋での通商破壊作戦の強化、つまりはUボートの日本における量産であり、野村は譲渡されるUボートとともに帰国し、これを成し遂げなければならなかった。野村自身、元潜水艦乗りとしてUボートの日本での量産化にかなりの熱意を持っていたらしく、ドイツ側との会談で、譲渡したUボートの量産化の予定について、「Uボート到着が今年（1943年）8月とすると、その大量建造の着手が早くて来年（1944年）はじめ、戦力化がその年末になる」と答えている。欧州でドイツ海軍の通商破壊戦の展開を間近で見ていた野村は、ドイツUボートの量産による通商破壊戦の実施に、戦況打開の希望を抱いていたと思われる。

日本に譲渡されるUボート2隻のうち、日本に向かう1隻はⅨC型UボートのU511、日本がドイツで受領するもう1隻は当時建造が開始されたばかりのⅨC／40型UボートのU1224とされた。

日本に向かう1隻がU511に決まったのには、アジア生まれで現地の状況に詳しい、艦長のシュネーヴィントの来歴が関係していた可能性もある。

加えてこの時、シュネーヴィントの父パウルはシンガポールでドイツ軍物資購入の責任者となっており、妻や他の子供たちは日本の東京で暮らしていた。蘭印のドイツ人は第二次世界大戦の勃発後、オランダ当局によって公職を解かれ、男性は捕虜収容所に入れられていたものの、太平洋戦争序盤の日本の侵攻により解放され、その多くが公務に復帰し、また、女性や子供たちは日本に疎開していた（後者は「蘭印婦人」の名で報道された）。日本に渡航した蘭印婦人は600名余りと言われている。

パウルは元ドイツ領事という立場からシンガポールで日本軍に協力することになり、彼の妻や子供たちは「蘭印婦人」として日本に渡っていたようだ。シュネーヴィントにとってアジアへの遠征は、故郷である蘭印や家族に再会するための旅にもなった。

　また、シュネーヴィントが操るＵ５１１自身、長距離航海に向いたⅨＣ型であり、また１９４２年末から年明けまでの戦績を見るに、若い艦長の下に乗組員たちがよくまとまっていたことが窺える。Ｕ５１１の良好なコンディションも、抜擢の理由だったかも知れない。

Ｕ５１１の運んだもの

　１９４３年３月３日、野村は自らの希望通り、Ｕ５１１に乗り込んでドイツを発《た》つことに決まった。また、これに伴い、軍医の杉田保少佐が同行することになった。野村が心臓疾患を患っていたためである。

　また、ドイツ側の同行者としては、ドイツの中国大使に任命された外交官のエルンスト・ヴォールマン、新たな日本国内のナチス指導者となるフランツ・ヨセフ・スパーン、Ｕボートの量産化を指導する技師３名が加わった。

　この技師のうちの一人に、電気溶接の専門家であるハンス・シュミット技師がいた。彼の存在が、後の日本に大きな影響を与えることになる。また、他の二人はデシマーク社のミュラー技師、ヘーベルライン技師で、それぞれ造船設計の船殻設計、艤《ぎ》装《そう》および補機の専門家だった。

　この渡航において、Ｕ５１１はドイツ側で「マルコ・ポーロⅠ」のコードネーム呼ばれていた。マルコ・ポーロは中世にアジアを旅して「東方見聞録」を書き、アジアをヨーロッパに紹介した冒険家であり、彼の功績にあやかって付けられた名前だろう。もちろん、「マルコ・ポーロⅡ」はＵ５１１の後にドイツを発つＵ１２２４のコードネームである。

　Ｕ５１１に乗せられたのは人間だけではない。日本向けの貴重な物資も搭載されていた。

　まず、近年において「Ｕ５１１が運んだ物品」として話題になったものの一つに、ＩＳＯＭＡ（イゾマ）射出成形機とＩＳＯＭＡ金型がある。

　射出成形機とは、複雑な形状のプラスチック製品を高速・大量に生産する機械のことで、ＩＳＯＭＡ射出成形機は１９３３年（昭和8年）にドイツのフランツ・ブラウン社が開発したものだった。

本論から外れるため深い言及は避けるが、産業技術史資料センター公式ホームページによると、「射出能力は約30グラム（1オンス）に過ぎないが、加熱シリンダーを装備し、電動機で駆動する横型射出成形機で、今日用いられている横型射出成形機の原型をなすもの」だという。

ＩＳＯＭＡ射出成形機と同金型は、日本窒素肥料株式会社（現在のチッソ）がドイツの現地企業から購入し、Ｕ５１１で１９４３年に運ばれてきたのがその由来という。どういういきさつで一企業の購入した商品がドイツ海軍の潜水艦に乗せられることになったのかは分からないが、おそらく、日本窒素肥料と日本陸海軍の交渉の中で決められたことだと思われる。

なお、１９６９年（昭和44年）刊行された永井芳男、神原周「高分子物語」（中公新書）に、「昭和18年に呉に来航したＵボートに、射出成形機と１トンのポリスチレンが積まれていた」という話がある。著者の一人の神原周は戦時中、海軍と共同で様々な研究を行っており、その関係でＵ５１１の搭載物資について知った可能性がある。

黄熱病の病原菌も運ばれた。これは将来、日本がアフリカで作戦する場合に備え、予防用のワクチン開発のために持ち運ばれたもののようだ。持ち運んだのは杉田軍医で、日本に到着後は東京大学・伝染病研究所の川喜田愛郎教授に渡された。杉田軍医の親族の回想では、これに加え、ドイツの戦闘機の乗員が夜間飛行で眠気防止に使っていたヒロポン（覚醒剤の一種）を持ってきた、と漏らしたことがあるという。

野村の回想では、「魚雷艇用の３０００馬力のエンジン」がＵ５１１に搭載されたと示唆するものがあるが、このエンジンの詳細については判然としない。

当時、日本海軍は島嶼戦で活躍するアメリカ海軍の魚雷艇に苦戦を強いられており、これに対抗するため、自らも新型の魚雷艇の開発を進めていた。しかし、日本海軍の魚雷艇開発は他国に比べて遅れており、小型で出力が高く、実用的な魚雷艇エンジンの量産が急務だった。このため、日本海軍はドイツ海軍にドイツの魚雷艇用エンジンについての技術提供を要望しており、U511への魚雷艇エンジンの搭載はこれに応えたものだろう。なお、この他には2隻目の遣独潜水艦として日欧往復を成し遂げる伊8に、ダイムラー・ベンツの2000馬力の魚雷艇エンジン、MB501が搭載され、無事に日本に到着している。

また、ドイツ側の技師たちの手で、IXC型Uボートの図面も持ち込まれた。この資料はU511そのものとともに、日本側によるUボート量産の検討に使われることになる。

この他にも、U511には多数の戦略物資が積み込まれたと思われる。U511の乗組員で厨房担当だったリヒャルト・ワーグナー上等兵曹の回想では、U511の艦底には大量の水銀が積み込まれたという。水銀はこの後、インド洋に来航するUボートの多くが日本向けに搭載していた物資であり、U511はその先駆けとなった。また、艦内に長期間滞在する日本人に配慮し、士官室の准士官などのいる区画を日本人の居室とし、また少しでも居住スペースを広げるべく搭載魚雷が撤去された。

加えて、日本人向けの食材として、イタリア産の白米も運び込まれたという。これについては面白いエピソードがあるので後述する。

最後に乗組員について。

この時点でU511の乗組員は47名、うち5名が士官だった。以下にこれを記す。

艦長：フリッツ・シュネーヴィント大尉（3月1日に昇進）

第1士官：ヨハネス・ヴェルナー・シュトリークラー中尉

第2任士官：ハインリヒ・パールス中尉

機関長：ホイス中尉

軍医長：フーブリース少尉（博士）

野村は回想で、出撃前にデーニッツから「U511の乗組員は、日本海軍にU511を譲り渡した後、インド洋でのドイツ海軍の作戦に必要となる人員の予備となる予定だ」と聞いたという。

1943年春の時点で、ドイツ海軍は損失が増大しつつあった大西洋での通商破壊戦を縮小し、連合軍の警戒が薄い、インド洋での作戦を構想していた。後にこの構想は「モンスーン」グループ（グルッペ・モンズーン）と呼ばれるUボート群のインド洋派遣で現実となる。デーニッツの言葉は、この構想を踏まえたものだろう。

U511の乗組員たちも、ドイツ海軍にとって大事な「積み荷」だったのである。

大西洋とインド洋を越えて最初の目的地、ペナンへ！

5月8日の日本への旅路の出発当日、U511はロリアンのコンクリートブンカーの中にあった。午前1時前、野村をはじめとする便乗者を含めたすべての乗組員が艦内に乗り込む。ブンカーの通路にはドイツ海軍の軍楽隊が整列、見送りの儀式としてドイツ国歌と日本の君が代の演奏が行われた。

午前1時、ついにU511はブンカーの繋留を解き、静かに洋上へと滑り出した。軍楽隊の行進曲が響き渡る。

この後、U511は潜航し、そのままの状態でロリアン軍港を後にした。以後2カ月半にもわたる、この時点ではいまだ成功事例のない、Uボートのドイツから日本への長期航海の始まりだった。

U511はロリアンを出港後、約10日間、昼間は蓄電池を用いて潜航状態で航行、夜間は浮上して充電を行いつつ見張りを厳にしてディーゼルエンジンで水上航行、敵機が発見された場合は速やかに潜航という手法で航行した。

言うまでもなく、これは敵からの攻撃を避けるためである。この時期のUボートは、「潜航しながら空気を取り入れることで充電を可能とする」新兵器、シュノーケルを装備しておらず（ドイツ海軍のUボートにおいてシュノーケルの装備が開始されるのは19

４４年初め以降）、フランス沿岸に敵が敷いた、航空機と水上艦艇による対潜警戒網を突破するには、とにかく昼間は大人しく水中に潜み、３ノット程度の速力で航行、夜になって初めて艦を浮上させて移動しなければならなかった。乗組員たちは艦の中に閉じ込められっぱなしとなり、潜水艦に乗り込んだ経験のある野村でも、かなり体に堪える日々になった。

　アゾレス諸島近海にまで達した後、ようやくＵ５１１は常時の水上航行とし、大西洋の南下を続ける。無線は封止されたままだ。ただし、無線傍受は行われたようで、野村の回想によると5月20日を過ぎた頃、ベルリン放送で日本海軍の山本五十六《いそろく》連合艦隊司令長官の戦死が伝えられ、野村を驚かせている。

　大西洋を南下中、Ｕ５１１は敵船団にも遭遇している。本来ならば攻撃を行うべきだが、Ｕ５１１は今回の任務において船団襲撃を禁じられていたため、これを見送らざるを得なかった。護衛艦艇の反撃を受け、任務の失敗に繋がることを恐れたのだろう。ただし、単艦で航行している輸送船の攻撃に限っては許されていたようだ。

　5月22日、Ｕ５１１はフリータウン沖合で補給用のＵボート、XIV型のＵ４６０と会合、Ｕ５１１の艦歴で最後となるＵボート同士による洋上給油を受けた。なお、XIV型はドイツ海軍で最大クラスのＵボートで、その巨体を活かして大西洋での洋上給油に活躍したが、ドイツ海軍のＵボート作戦の根幹となる存在として連合軍に付け狙われることになり、終戦までにＵ４６０を含めて同型艦10隻すべてが戦没するという悲惨な運命を辿った。

　出航から約1カ月後となる6月10日頃、Ｕ５１１は喜望峰を通過し、25日にはマダガスカル島を眺められる場所まで到達した。マダガスカル島を掠《かす》めてインド洋を北上、ペナンへ向けて航行する。

　その途中の6月27日、Ｕ５１１は単艦で航行していたアメリカのリバティ船「セバスチャン・セルメニョ」を発見、これを魚雷で撃沈。さらに7月9日には、同じく単艦航行していたアメリカのリバティ船「サミュエル・ハインツェルマン」を魚雷で沈めた。

この2隻がU511の最後の撃沈スコアとなった。

なお、後者の襲撃でシュネーヴィントは野村を艦橋に呼び、襲撃を見学するよう誘っている。水上での襲撃で、爆発で生じた多数の破片が艦の付近に着水し、かなり危なかったようだ。

インド洋の波は大西洋に比べて荒く、乗組員たちは海中にあっても激しく揺さぶられた。インド洋の海中の状況の悪さは、後のインド洋のUボートの乗組員たちにも牙を剥《む》くことになる。だが、インド洋を東に進むにつれて東京のラジオも聞けるようになり、野村たちをほっとさせた。

そしてついに7月15日、U511はペナン島の潜水艦基地の港外に到着した。

U511を最初に出迎えたのは日本海軍の敷設艦「初鷹《はつたか》」、そしてその護衛役の第八駆潜艇だった。「初鷹」は1939年（昭和14年）竣工の初鷹型敷設艦一番艦で、当時は艦長・土井申二大佐の指揮の下、ペナン方面での船団護衛に活動していた。また、これまでに何度もドイツ海軍の輸送船「キトー」と交流し、ドイツ側にもよく知られていた。「初鷹」にはコルト中尉というドイツ軍人と通訳のほか、報道班員2名が便乗していた。

日本側でのU511の名前は「さつき（皐月）」であり、「初鷹」でも「サツキ号」の名で呼ばれていたようだ。命名の由来は、U511の欧州出発が5月（皐月）だったからかも知れない。

野村は土井艦長の心遣いでU511から「初鷹」に移り、2カ月半ぶりに入浴し、久々の日本食の御《ご》馳走《ちそう》を振る舞われて生気を取り戻した。「初鷹」からU511には、これまでの長期航海を労《ねぎら》うため、乗組員の嗜好品《しこう》（主に生菓）、氷などを送った。

翌日、野村はU511に戻り、U511もペナンの桟橋に到着した。ロリアンを出港してから69日間の航海だった。

ペナンまでの航海の間、U511では様々なイベントや日独将兵の間の交流があった。

■赤道祭り

U511が赤道を通過した5月27日頃、大西洋上のU511艦上で「赤道祭り」が行われた。「赤道祭り」とはヨーロッパで伝統的に行われていた「乗船中に初めて赤道を通過した乗組員に対して行われる儀式」で、一種のレクリエーションだった。内容は寸劇と仮装で、艦内で最年長の人間がネプチューン役となり、寸劇の後に未経験者への剣による洗礼が行われる。仮装はヴァイキングや海賊、女装が主だという。

ドイツ海軍ではこの「赤道祭り」が恒例となっており、赤道通過と同時に開催されるのが常だった。Uボートの場合、長期航海で溜まりに溜まったフラストレーションを発散させるために、この儀式は必要不可欠だったのだろう。欧州での敗戦後に洋上での降伏を潔しとせず、独断でアルゼンチンに向かったUボート、U977の艦上でさえ行われている（欧州大戦終結から2カ月後、7月23日前後の出来事である。なお案の定、U977はこの「赤道祭り」の最中に敵機に発見されている）。

野村の回想では、出航以来はじめて航海当直以外の乗員全員が甲板に出て洗礼を受け、丸裸になってはしゃいだという。杉田軍医もその中に入ってはしゃいだともある。

■洋上結婚式

6月初旬、U511では同艦の無線電信士を主役とする洋上結婚式が行われた。艦長が媒酌人を務め、新婦はベルリンの教会に行って結婚式を挙げ、新郎は艦内で結婚式を挙げ、電報で連絡を送るという寸法だ。野村は「とても日本海軍では見られぬ光景」と感想を述べている。

■U511艦内の食事

高森直史『海軍食グルメ物語』（光人社、2003年）には、泉雅爾大佐の記した資料として、U511で食べられていた食材の記述がある。

「主食は黒パンで、20日まで食べられるもの、20日以降食べるもの、30日以降に食べるものがそれぞれ焼き方を変えて缶詰になり、副食はサラミソーセージ、チーズ、バターなどが十分あり、生野菜は主としてたまねぎ、馬鈴薯《ばれいしょ》（ジャガイモ）、レモンで、ビタミン剤も服用していた」

泉は1943年夏、軍務局／潜水艦部に任官しており、呉にU511が到着した際、この情報を得たのかも知れない。

「黒パン（ライ麦パン）が主食」という話はU511が日本に到着した後、ドイツ人乗組員たちと食事を共にした日本側の回想にもあり、その際には日本側が準備した食パン（白パン）をU511の乗組員が指して「これは病院食だ」と述べたという。また、その際にはジャガイモのスープ1~2杯と食パンひとかけらをセットで食べていたそうだ。

日本到着後の食事であるため、航海中とは別に考えるべきかも知れないが、他のUボートでの糧食事情も含めて考慮すると、U511の艦内では、常温で長持ちするジャガイモや缶詰の黒パンを主食とするメニューが基本だったと思われる。

U511では艦内で生成される蒸留水と冷蔵庫を用い、氷も作られていた。正規の飲食用かどうかは判然としないが、暑い時にはコップの水に氷を入れて飲んでいたそうだ。冷蔵庫はドイツのUボートには常設してあったようだが、当時の日本の家庭にはなく、潜水艦の冷蔵庫でも氷はなかなか作られなかったようで、日本側に角砂糖と間違えられた末に羨《うらや》ましく思われている。

こうした食事はUボートの乗組員にとっては普遍的だったものの、野村達には異文化の食事に他ならず、このギャップを配慮して艦内には白米が持ち込まれた。米の調理には野村たちだけでなくU511乗組員も関わったようで、前述のU511乗組員のリヒャルト・ワーグナー上等兵曹は、「指で水加減を測って米を炊く方法を教えてもらった」と回想している。

日本人二人はこの米でハム・ライスをよく作った。ハム・ライスは日本の潜水艦の定番メニューの一つで、U511の乗組員たちもこれを気に入り、航海の間は3日おきくらいに食べるようになった。前述の洋上結婚式でも、ハム・ライスがお祝いの一つになったという。ドイツ側にとって、野村達が作った日本料理は目新しいもので、日々のドイツ式の糧食と違い、新鮮な気持ちで食べることができたのだろう。

Ｕ５１１を含め、インド洋・太平洋に来航したＵボートの乗組員は、日本側から見て「何カ月もの出撃から帰ってきた後も元気いっぱい」であることが多く、それが日本側にとって大きな驚きだったという。Ｕ５１１についてもこれが当てはまるようで、少なくとも乗組員や便乗者たちは深刻な食糧不足や病気の流行に苦しむことなく、ペナンに到着したようである。

便乗した杉田軍医の親族も、「ドイツから戻ってきた父（杉田）がまるまる太って帰ってきた」ことに驚いたと回想している。

ペナンから日本へ！　ヒ03船団との遭遇戦未遂

１９４３年7月の時点で、ペナンにはドイツ海軍の基地が設けられていた。すでにこの時、ペナンとシンガポールの基地司令として、それまで東京にいたヴォルフガング・エアハルト少佐が着任、日本海軍と協力して基地設営を行っていた。当時、第八潜水戦隊参謀としてペナンで日本潜水艦部隊の指揮に当たっていた酒井進少佐は、エアハルトがペナンに来た際、日本側の司令官に「きわめて慇懃《いんぎん》に」基地設営の協力を求めたと回想している。

基地といっても簡単なもので、無線電信所と魚雷調整場、小さな工作所、乗員の宿舎と休養所が設けられた。ペナンのドイツ海軍司令部は海岸にある華《か》僑《きょう》の邸宅に置かれた。この後、ペナンはドイツ海軍唯一のインド洋の拠点として、多数のＵボートを受け入れていくことになる。

7月16日、Ｕ５１１は在泊艦艇がすべて登舷礼式をもって迎えるという、盛大な歓待の中でペナンに入港した。

翌日正午、ペナンの水交社において司令部主催の日独交歓会が催され、ドイツ潜水艦乗組員一同に防暑服1着と錫《すず》製文鎮1個の贈呈式があった。また、この席上には、シンガポールで勤務中だったシュネーヴィントの父親が、本国から息子が到着したという報せを受け、わざわざペナンを訪れて宴席に参加している。シュネーヴィントの旅は本当に彼の家族を訪ねる旅になったのである。

この父子の交歓は「初鷹」艦長の土井大佐の感動を誘い、彼は「奇《く》しきかな功勲をたてし子を迎《むか》う　父の喜び何にたとえん」と和歌一首を作っている。この時、土井大佐の息子の土井輝章は海兵72期生として海軍兵学校で勉強に励んでおり、何かしら感慨を抱くところがあったのだろう。土井は詩吟の趣味があり、ことあるごとにこうした詩や和歌を残している。

その後、乗組員たちはペナンにおいて1週間ほどの休養を取った。

ペナンでの日々の中で、乗組員たちはペナンでの観光や、日本側のさらなる歓待を受けた。「初鷹」艦長の土井大佐の回想では、7月21～22日に海上部隊による合同演芸会が催され、これにU511乗組員が招かれたという。土井大佐は「挨拶の後、プログラムに従い、映画、余興、小学児童・職員の合唱、独潜乗員の合唱等、大いに賑《にぎ》わい、就中《なかんずく》、馬来支那《マレーしな》、インドネシア、ビルマ等の小学児童が、服装を異にし、しかも日本語の歌を見事に歌ってくれたのは頼もしい限りであった」と記している。

ペナンで乗組員が休息している間、野村・杉田を含めた日独の便乗者たちはU511を降りた。空路により一足先に日本に戻るためだ。また、到着後にはシュネーヴィントと野村に対し、ドイツ本国から鉄十字章の授与が伝えられた。

野村は退艦の際、乗組員の苦労を謝し、そして今後の健闘を祈り、「不撓《ふとう》」の文字を大書してU511に託した。この書は終戦後に米軍に引き渡されるまでU511、後の呂500の艦内発令所に飾られていたという。

野村達が艦を降りるのと同時に、新たな便乗者も現れた。U511の譲渡の条件である「Uボートの量産化」を進めるため、U511を研究するべく集められたメンバーである。

人員は呉鎮守府より派遣の性能調査員・田岡清少佐（後の呂500初代艦長）、上杉貞夫大尉（先任将校）、村治健一機関大尉（機関長）、海軍省潜水部員・本多義邦大尉、奥田増蔵大佐の5名だった。

U511はペナンでの整備により、今後活動するのが日本の制海圏内であることを考慮し、艦橋に日の丸と新たな艦名である「ロ500」の文字を描いた。日本海軍による味方撃ちを避けるためだろう。もちろん、この時点でU511の所属はドイツ海軍に他ならず、U511は一つの艦に二つの国旗が描かれるかなり珍しい艦となった。

また、後の呉入港時のU511は、黒が基本塗装の日本潜水艦とは全く違う「明るい薄緑色」の迷彩を施していたという目撃者の話がある。おそらくこの「明るい薄緑色」というのは、ドイツ海軍で言う「灰色」の塗装のことと思われる。

ペナン出航時のU511を撮影した写真では、U511の甲板上にまだらの迷彩が施されているのが確認できるため、灰色と黒の迷彩だったかも知れない。少なくともこの時、U511はぱっと見で日本海軍の潜水艦とはとても思えない外見だった。

日本海軍からの味方撃ちに対する懸念は、この後、すぐに現実のものとなる。

7月24日、U511は在泊艦艇の盛大な見送りを受けながらペナンを出航、呉への最後の航海を開始した。

出航に先立って、シュネーヴィントはエアハルトともに「初鷹」に来艦し、記念品としてドイツの写真帳と扇子2本を交換している。土井はこれを「よき思い出となった」と回想している。

U511はマラッカ海峡からシンガポールを掠めて南シナ海に向かい、日本本土に北上するコースを取る。

7月29日、U511は南シナ海において、一つの日本船団と遭遇した。

船団の名はヒ03船団。同船団は日本本土からシンガポールに向かっており、U511と出会った時には5隻の輸送船（「御室山丸」「阿波丸」「浅間丸」「有馬山丸」「南海丸」）と護衛役の海防艦「択捉《えとろふ》」で編成されていた。

この時、ヒ03船団の船員たちは潜水艦に対して非常に強い警戒心を持っていたと思われる。何故ならばこの1週間前の7月22日、ヒ03船団は台湾沖で敵潜の雷撃を受け、輸送船「西阿丸」が被雷航行不能に陥り、「日南丸」と（その時の護衛役の）駆逐艦「刈萱《かるかや》」に護衛されて離脱を余儀なくされ、高雄入港までの2日間、護衛無しの状態での航行を強いられたからだ。海防艦「択捉」は高雄において船団に合流、そこからの護衛となる。

1943年の段階では、日本海軍はこうした小規模〜中規模の輸送船団の護衛に、わずかな護衛しか付けない事例が多かった。このため、もし輸送船が損害を受けた場合、護衛の艦艇はその支援に付き合うことになり、他の船団は丸裸のまま航行を続ける場合があった。言うまでもなく非常に危険な状態であり、ヒ03船団の場合も「刈萱」が離脱した後、「浅間丸」と「阿波丸」が分離先行したという。

輸送船団と日本海軍に馴染《なじ》みのないUボートの遭遇。しかも、U511は日本海軍にはあるまじき迷彩をしている。誤認されても仕方がない。

U511を最初に発見したのはタンカー「御室山丸」だった。「御室山丸」はU511を敵潜と誤認、咄嗟《とっさ》に艦首の8cm砲を3発放った。突然の「味方撃ち」にU511は大混乱、ヒ03船団側も大混乱になった。

U511は便乗者の奥田大佐が大慌てで発光信号により味方であることを伝え、日の丸の旗を振って攻撃を止めさせようとした。ヒ03船団側も数度の攻撃の後、相手がどうやら敵ではないらしいことを察した。

結局、海防艦「択捉」がU511を追跡、武装した臨検部隊が乗り移り、U511側が説明を尽くしたことで誤解は解け、U511は日本へ、ヒ03船団はシンガポールに向かった。

このU511とヒ03船団の遭遇戦は、太平洋やインド洋におけるUボートが、常に日本海軍からの「味方撃ち」の危険を抱えていたことを示唆している。

　その後の8月5日、Ｕ５１１は日本本土に近づき、佐伯防備隊所属の敷設艇「怒和島《ぬわじま》」の出迎えを受けた。ヒ03船団との遭遇戦未遂のような誤認を避けるための配慮だ。しかしその後、佐伯航空隊哨戒機が「敵潜発見」の報せを伝えたため「怒和島」は掃討のために離脱、Ｕ５１１も潜航し、エンジンを停止して待機した。

　この時、敷設艇「怒和島」は、日本近海でＵ５１１を目撃した最初の軍艦となったわけだが、「怒和島」乗組員たちにとっても、Ｕ５１１の姿はかなり奇異なものに思えたようだ。同艦の活躍を綴《つづ》った白石良『敷設艇怒和島の航海〈改訂版〉』（元就出版社、２０１２年）には、以下のような記述がある。

「大体、艦型が（引用者追記：日本海軍の潜水艦と比べて）まったく違うし、特に艦体の色が、日本の黒とは対照的な白に近い灰色である。みな、『これはわからんでー』」

　敵潜が発見できなかったため、「怒和島」は再びＵ５１１と合流、小型駆潜艇とともに先導し、屋代島（周防大島）の安下庄《あげのしょう》に入り、ここで一泊することになった。Ｕ５１１はこの間、外舷の塗装を塗り替えた。

　翌日の8月7日、Ｕ５１１は無事呉軍港に入港し、呉海軍工廠の潜水艦桟橋に横付けされた。

　呉軍港では事前にＵ５１１来航の告知はなかったものの、口コミで情報が広がり、入港時には大勢の工員が潜水艦桟橋に集まって歓声を上げたという。

　出迎えの正式の責任者は、呉鎮守府司令長官の南雲忠一中将。かつて日本海軍が大敗したミッドウェー海戦で日本側の空母部隊、第一航空艦隊の指揮を執っていた人物だった。

　かくしてＵ５１１は長駆の航海を経て、日本本土に到達したのだった。

U511の初代艦長、フリードリヒ・シュタインホフ大尉。髭の濃さが長期航海の最中であることを物語っている。ロケット技術者であった兄との縁により、U511に特異なエピソードを付け加えたが、敗戦後に悲劇的な最期を遂げた。（Wolfgang Ockert）

U511の2代目艦長、フリッツ・シュネーヴィント大尉。大変な美男子で、日本人にも好意的な印象を与えた。数々の偉業を成し遂げた優秀な指揮官だったが、残念ながら戦争を生き残ることはできなかった。（Wolfgang Ockert）

バルト海での訓練中の1942年6月、ロケット運用実験に参加することになったU511の乗組員と技術者たち。左から3番目の人物が艦長のフリードリヒで、その右隣が兄でロケット技術者のエルンスト。実験中の撮影と思われる。実験が首尾よく進んだのか、全員に笑顔が浮かんでいる。（Deutsches U-Boot-Museum）

前頁下の写真と同じく、バルト海でのロケット弾運用実験中のU511。野戦用の兵器であるネーベルヴァルファーの発射器が、甲板上に剥き出しの状態で配置されている。後の潜水艦搭載型ミサイルの開発に繋がる、技術的なターニングポイントとも言える実験であった。（Deutsches U-Boot-Museum）

ペナンから日本本土に向けて出航するU511。日本側、ドイツ側がともに手を振っている。日本側の誤認を避けるため、艦橋側面に「ロ500」の文字と日の丸が描かれている。撮影地はおそらくペナン島・ジョージタウンのスウェッテナム桟橋で、背景の陸地はマレー半島西岸である。（Axel Dörrenbach）

第二節　ヒトラーの贈り物　U511／呂500（後）

呉軍港のU511　日独協同訓練の開始

1943年（昭和18年）8月7日、ドイツ海軍Uボート、U511は呉軍港の潜水艦桟橋まで到着した。以後2年間、U511は日本の領域で艦歴を重ねることになる。

この時点で、日本側の受け入れ準備はある程度整っていた。8月初め、U511に乗り込む予定の下士官兵たちが呉の基地隊に到着。ただし、この時点で何の任務かは全く教えられず、ただ、特別な任務らしいという噂だけがあった。間もなく、ドイツ語・日本語・ローマ字によるドイツ語の勉強が始まり、どうやらドイツの潜水艦に乗るようだと思われた。下士官兵たちの多くは他の潜水艦よりも高等科卒業者が多く、階級も上級の者が多かった。日本側としては未知のUボートの運用を成功させるべく、経験豊富なメンバーを集めたのだろう。

8月6日、ついに情報が解禁され、乗組員たちに与えられた任務がドイツ潜水艦への乗り込みとその訓練調査だと判明した。名前は「さつき一号」だという。呉の工廠内で事前にU511の来航の噂が広まったのは、この話が元になったのかも知れない。

翌7日、U511が到着、南雲中将および関係将校の歓迎の中、呉に入港。両国将兵は夏の白色の軍服で閲兵式に臨んだ。その後、U511の士官5名は水交社へ、下士官兵42名は下士官集合所に向かった。

集合所で下士官兵たちは日本側乗組予定者たちのサイン攻めにあうことになった。あまりの日本人の歓待（というか、物珍しがりというか）にさすがのドイツ人たちも辟易《へきえき》した様子になったという。しかし、翌日に歓迎昼食会が行われ、楽しいひと時を過ごしたことで両者の間の空気は一気に和やかになった。昼食会のメニューは和食で、ドイツ人たちはこれまで使ったことのなかった箸をとても面白がった。

呉軍港の集会所は兵員家族でも利用可能で、その後も多くの一般人がドイツ人たちの歓迎に訪れた。時期は不明だが、呉市内中心部の岩方国民学校の児童たちもこの集会所を訪れ、歓迎会に出席したという。

また、U511来航を記念して、当時の呉市街ではドイツ映画『潜水艦西へ‼』が上映されていて、ドイツ兵も観にきていたようだ。

『潜水艦西へ‼』は1941年（昭和16年）に製作されたUボート映画で、登場するUボートは戦時中に12回の戦闘哨戒をこなして終戦まで生き残り、戦後はフランスの潜水艦「ブレゾン」として1959年（昭和34年）まで現役だった歴戦のUボート、U123。映画にはドイツ潜水艦隊司令長官（当時）デーニッツも本人役（！）として登場している。

U511では呉到着後、運んできた荷物の揚陸も行われた。U511は呉海軍工廠の潜水艦栈橋に横付けされ、警備は呉警備隊に任された。

当時、呉警備隊に勤務していた野村弘之氏が呉市企画部呉市史編纂《へんさん》室編『呉を語る　体験手記集』（呉市、2003年）に記した回想等によると、U511の警備にはドイツ兵も参加し、肩に銃をかけて艦上にいたという。夕食後はお互いに自由時間があったため、呉警備隊側の居住区にドイツ兵を招き、蓄音機で音楽を聴いたり、配給の食事を分けたりして親交を深めた。

ほどなく日独協同の訓練が始まった。Uボートの量産が最終目標にしろ、まずは日本側が操作を覚えなければその性能を確認できない。

U511での艦内配置は、日本側とドイツ側の配置ごとに一対一の組み合わせを決め、ドイツ側の技術の日本側への伝授が試みられた。

艦内のすべてはドイツ式のままで保持され、勤務や生活もそのままとされた。各部の名称もドイツ語そのままだ。日本側は慣れないドイツ語を必死に読み解き、同時にドイツ兵の一挙一動を習い盗むところから始めなければならなかった。U511の操縦を完全に習得しなければ、日本人のみでU511を動かすことはできない。ドイツ人たちも熱心に教育してくれた。

訓練海域は広島湾・宮島西部方面で、ドイツ人たちは最初、宮島沖合の客船「筑紫丸」に宿泊していたが、後に宮島ホテルが使われるようになった。

宮島ホテルは現在の原爆ドーム（かつての広島県産業奨励館）を設計したチェコ人建築家ヤン・レッツル（レッツェル）の手掛けたもので、戦前は宮島観光を楽しむ外国人専用のホテルとして人気を博した。戦後は連合軍の保養施設になっていたが、1952年（昭和27年）に焼失。現在、ホテルがあった場所は国民宿舎「みやじま杜《もり》の宿」となっている。

日本側はドイツ人たちにできる限りのもてなしをしたが、ドイツ人のための食料品だけは欠乏しており、小麦粉、パン、牛乳、牛肉、ソーセージ、バター、チーズ、ビールなどの購入にあちこちを駆けまわる羽目になった。

中でも特に苦労したのがドイツ人に不可欠の黒パン、その原料となるライ麦だった。日本においてライ麦は明治以降、北海道や東北北部などの寒冷地で栽培されていたが、戦前の栽培面積は小さく、戦時下での入手は困難だったと思われる。ライ麦の不足はペナンのドイツ基地でも問題になり、1944年（昭和19年）4月、海軍省はその解決のために神戸からペナンに向かうドイツの油槽船（封鎖突破船）「ロスバッハ」に、どうにかかき集めたライ麦10トンを搭載して送り出したものの、5月7日、土佐沖で米潜「バーフィッシュ」に撃沈されてしまった……というエピソードが、戦時中に駐日ドイツ大使館に勤務していた横山文雄氏の回想録「南海のドイツ海軍」に残されている。

先に記述した「ジャガイモのスープがメイン、白パンがちょっと」という日本滞在中のドイツ側のメニューは、この黒パンの不足を反映しているのかも知れない。

ドイツ人たちは宮島ホテルから毎日行進曲を歌いながら出勤していたようで、その光景を日本人が目に留めている。当時撮影された写真には、乗組員たちが日本人とともに広島の海水浴場に遊びに行ったり、宮島の厳島神社に観光に訪れたりした姿も記録されている。

艦長のシュネーヴィントは呉のどこかで宿泊していた可能性がある。

当時、呉で編成中だった日本海軍第85警備隊に赴任したばかりの吉岡観八軍医は、ある日、呉のホテルで一泊して寝ていたところ、そこにUボートで日本に来たドイツ海軍の兵士たちが乱入してきて、洗濯ものを置いていく場面に遭遇。翌日、ホテルのフロントに問いただしてみると、そこは元々がUボートの艦長の宿泊していた部屋で、東京への出張のために一時的に空いていたのだという。

同時期、呉にいたUボートはU511以外なく、この艦長というのはシュネーヴィントのことだと思われる。乗組員たちは、吉岡軍医が宿泊していることを知らず、シュネーヴィントの洗濯物を届けに部屋に入ってしまったのだ。U511にまつわる意外なハプニングだが、第85警備隊はこの後、派遣先のニューギニアで全滅状態となり、吉岡軍医も戦争の悲惨の極みを体験することになる。

呉海軍工廠ではドイツ側を歓待するべく、13分ほどの短いモノクロフィルムが制作された。タイトルはドイツ語で「ようこそ、友好国から好意のUボート」。前述の訓練の模様や宿泊先での宮島の様子、江田島キャンプなどの映像がまとめられている。ドイツ側に渡されたようで、2013年（平成25年）、朝日新聞の報道でその存在が明らかになった。

艦長の田岡清少佐は、訓練からの帰還後、「日本は世界の一等国、ドイツはその次の国である。日本民族の誇りをもって独兵に接するように」とよく言っていたという。しかし、ほとんどの乗組員の立場は基本的に教わる側、規律面でもドイツ側の方が厳しかったことから、素直に同意することは難しかったようだ。

日独の協同訓練は、日本の潜水艦乗組員たちにドイツの潜水艦とのハード・ソフト両面の違いを知らしめた。

日本側が最も驚いたのは、U511、つまりはⅨC型Uボートの急速潜航の早さだった。日本海軍の伊号潜水艦では40秒程度かかるのに対し、U511では最短で29秒。また、通常の潜航深度も100mほどで、伊号潜水艦の常識的な潜航深度（75mほど）よりも20m以上深く、かつ日本の潜水艦よりも大角度で急速潜航することができた。

ドイツ側がU511を深度200mまで沈めて見せ、日本側を驚かせたという逸話もある。時期は不明だが、和歌山の由良にあった紀伊防備隊の管轄下に入港し、深々度訓練を実施したという話もあり、その時のことかも知れない。大阪港に入港したこともあるという。

静粛性も日本の潜水艦より優秀だった。日本側はドイツ側技師たちの助言により、いくつもの静粛性向上策を教わった。

U511の艦内に一度だけ入った工廠水雷部の工員によると、「臭いが違ったのが印象的だった。魚雷方位盤が優秀だった」という。

機材の信頼性も高かった。日本側の乗組員の回想では、日本の伊号潜水艦では一行動が終わるたびに各部点検が行われたが、ドイツ側ではそのようなことはなく、兵員が機器の調整の仕方を知らなくても問題がないようになっていた。

また、日本潜水艦では出港45分前に主機械を試運転し、電池に充電するようになっていたが、U511ではこれを行っておらず、不審に思って尋ねると「ドイツでは試運転を必要とするような信頼のない機械は作っていません」という返答。さすがにこれは言い過ぎの感があるが、とにかく故障の不安があまりなく、乗組員たちがその心配をせずに機材を扱えることは日本側の羨望《せんぼう》の対象となった。

ソフトの面では、日本海軍の三直制（一日の勤務を三交代で実施）と、ドイツ海軍の二直制（一日の勤務を二交代で実施）が目立った。

とはいえ、これは伊号潜水艦がⅨC型より大型で、より遠方での作戦を基本とし、乗員も多いことを考えれば、単純な良し悪しの比較はできない。また、ハード面についても、後の日本海軍の調査の結果、すべてが日本で運用中あるいは建造・開発中の潜水艦と比べて特別に優れているわけではないことが判明し、これはU511の運命を大きく左右することにもなる。

お互いに言葉もまともに分からない中での協同訓練だったが、日独将兵は次第に打ち解け、日本人たちは一つ一つ技術を習得していった。

U511から呂500へ 日本への引き渡しと乗組員たちの休暇

1943年9月16日、海軍大臣の名でU511の呂号第500潜水艦への改名、ならびにその本籍を呉鎮守府とすることを定める命令が下された。

同日、呉海軍工廠潜水艦桟橋では日独の乗組員整列の上、譲渡式並びに命名式が行われた。呉海軍鎮守府司令長官・南雲中将ほか多くの将官が出席。ドイツ側からは駐日ドイツ大使館の主席海軍武官であるパウル・ヴェネッカー中将以下、多数の将官・佐官級駐日武官が参列した。両国の国歌演奏の後、命令書が読み上げられ、ドイツの軍艦旗が降ろされる代わりに日本の軍艦旗が掲げられた。

ここにU511は呂号第500潜水艦……呂500となり、ドイツ海軍から日本海軍所属となったのだった。

そしてこれは、日独協同訓練の完了を意味していた。呂500の編入先は呉鎮守府司令長官隷下の呉鎮守府部隊だった。与えられた任務は引き続いての就役訓練と、特例による実験調査など。日本海軍だけで操れるようになったため、表立っての調査を開始しようというわけだ。すでに8月には海軍省艦政本部で技術監・福田啓二技術中将を中心とした調査チームが立ち上がり、調査が開始されていたようだ。

一方、大役を終えたドイツ側の乗組員、シュネーヴィント以下47名には2週間の休暇が与えられることになった。

乗組員たちの休暇中の細かなスケジュールは判然としないが、彼らはまず東京に向かい、9月18日に海軍大臣邸に嶋田繁太郎大将を表敬訪問し、シュネーヴィントに軍事功労章が授与され、全員のために海軍功労会が開かれた。

この催しには海軍大臣のほか、軍令部総長・永野修身元帥、U511と帰還した野村直邦中将などの5名の将官や多数の佐官（後の海上護衛総司令部参謀・大井篤中佐（当時）も列席している）、ドイツ側からはヴェネッカー中将や8月末にペナンに到着してUボート部隊の基地司令となった元・U178艦長のヴィルヘルム・ドメス中佐などが参加、盛大なものとなった。

前述の通り、この時期の東京にはシュネーヴィントの義母と弟たちが滞在しており、このタイミングで再会している可能性がある。また、彼の弟のホルスト・シュネーヴィントは1943年秋に他の在日ドイツ人たちとドイツ海軍に志願し、兄とともにインド洋に向かっている。

その後、乗組員たちは箱根に宿泊することになった。箱根には様々な理由でドイツへの帰国手段を失ったドイツ海軍将兵たちが宿泊しており、シュネーヴィントたちの休養先としては最適だったのだろう。U511に関係する写真では、箱根での大相撲の巡業時、U511乗組員が力士たちと歓談するものが含まれている。

これとは別に、U511乗組員たちが大分県の別府に移動し、別府温泉で足湯めぐりを楽しむ写真も残されている。これも協同訓練が終わった後に向かったのだろう。呉警備隊に属していた野村弘之氏が懇意になったU511乗組員も、訓練が終わったら別府に向かうと口にしていたという。また、ドイツ側の談話には、京都や大阪に出向いたり、富士山のふもとに泊まったりしたというものもある。

どのような順序かは不明だが、協同訓練が終わった後、ドイツ人たちが日本の各所を旅したことは確かなようだ。これらの記憶のおかげか、U511の乗組員には、戦後日本びいきになった者が多かったという。

最後にU511の乗組員47名は神戸に集合し、ドイツの輸送船「オゾルノ」に乗り込んだ。

「オゾルノ」は単艦でドイツに向かう封鎖突破船で、ドイツ向けの資源として4000トンのゴムと1826トンの錫《すず》、180トンのタングステンを船内に詰め込み、シンガポールを経由してボルドーに向かう予定だった。日本ではレアメタルが全般的に不足していたが、ゴムとタングステンは豊富に採取され、日本側がドイツ側に供与する主な品目となっていた。

「オゾルノ」には元U511の乗組員だけでなく、インド洋での作戦に参加する他の日本滞在中（箱根など）のドイツ海軍将兵たちも乗り込んでいた。おそらく、シュネーヴィントの弟とその友人たちも乗り込んでいただろう。

10月2日、「オゾルノ」は神戸を出港して日本を後にした。元U511の乗組員たちにとっては約1カ月半の滞在だった、

10月8日、「オゾルノ」は無事シンガポールに到着、元U511の乗組員たちを降ろした。その後、「オゾルノ」はペナンに立ち寄り、さらにドイツを目指してインド洋に出撃した。2カ月後、「オゾルノ」は奇跡的にフランスのボルドーに到着、大量の物資をドイツ本国に持ち込むことに成功した。「オゾルノ」はヨーロッパに帰還した最後の封鎖突破船となった。

元U511乗組員たちには、インド洋における新たな仕事が待っていた。

乗組員たちの主な行き先は、シンガポールの元イタリア海軍潜水艦・UIT23（イタリア海軍での艦名は「レジナルド・ジュリアーニ」）、UIT24（同「コマンダンテ・カッペリーニ」）、UIT25（同「ルイージ・トレッリ」）だった。

この3隻はイタリアが降伏した際、シンガポールで日本軍の手に落ち、その後にドイツ海軍に引き渡されていた。ドイツ海軍としてはインド洋の潜水艦戦力の強化に繋がる出来事だったが、ドイツ側がイタリア人乗組員の一部を再登用しなかったため、補充の人員が必要となっていた。その穴埋めにU511の乗組員が充てられることになったのだ。

元U511乗組員のうち、UIT23に12人が、U

IT25に15人が乗り込んだ。おそらくUIT24にも10人程度が乗り込んだことだろう。また、一部は10月にペナンに来たばかりのUボート、U183に乗り込んだようだ。シュネーヴィントの弟ホルストもUIT25に乗り込んでいる。UIT25には、他に箱根に逗留《とうりゅう》していたドイツ海軍兵士たちも乗り込んだという。

U511乗組の士官たちもこれらの艦に分派された。

艦長のシュネーヴィントはU183の艦長となり、第1士官のシュトリークラーはUIT25の艦長、第2士官のパールスはUIT24の艦長となった。シュネーヴィントの前任者（元U183艦長）のハインリヒ・シェーファーは残るUIT23の艦長となっている。つまり、3隻の元イタリア海軍のUボートのうち2隻がU511の士官に操られることになったのだった。この結果だけを見れば、ドイツ海軍が目論んでいた「U511を引き渡した後、その人員をインド洋での予備とする」というアイデアは、完全に図に当たったと言っていい。

なお、シンガポールではいまだシュネーヴィントの父が日本軍と仕事をしていた。彼がU183の艦長としてシンガポールを訪れるのはこれが最後ではなく、どこかのタイミングで再び父に会っていても不思議ではない。

Uボートの量産化断念

元U511乗組員たちがシンガポールで新たな艦に到着した頃、呉では呂500の訓練と調査が続いていた。

この頃になると、乗組員たちは呂500を他の伊号潜水艦と比べてさほど遜色なく動かせるようになっていた。訓練で別府湾の深海海域に行き、深さ100mまで潜航したこともあるという。訓練においては、緊急時の急速潜航の訓練が重視された。

11月末には、弾薬や乗組員の私物などを陸揚げした上で、呉工廠で船体の一部を解体するなど、本格的な技術調査が開始された。

この時には様々な技師や将官が呂５００を見学、皇族の海軍士官である高松宮宣仁親王（海軍大佐）も3度来艦したという。調査は１９４４年3月末まで行われ、完了と同時に弾薬が再搭載され、4月以降に訓練が再開された。

呂５００の調査は、ドイツ海軍から提供された図面を元に行われた。この図面の数々は今でも呉の潜水艦桟橋近くにある海上自衛隊潜水艦教育訓練隊の潜水艦史料室に残されている。同史料室には呂５００、つまりはＵ５１１搭載の無線機が保管されているが、戦時中に外されて日本海軍の無線機と交換されたのか、それとも終戦後に取り外されて持ち込まれたのかは判然としない。

性能調査には様々な軍需企業が関わった。呂５００が量産可能かどうかを検討するには、その部品の量産に当たる企業側での検討が不可欠だった。例えば、主排水ポンプは日立製作所、といったように、部品ごとにトップメーカーが担当する形となる。電動通風機を調べた三菱電機の報告書には、「運転時ノ騒音ハ極メテ小ニシテ殆ド完全ニ磁気的騒音　除去セラルルヲ認ム」と記されている。報告書の日付は１９４４年4月から5月となっており、3月末まで調査が行われた後、そのまとめとして提出されたことを窺わせる。

Ⅸ型Ｕボートを参考にした潜水艦の量産は、当時の日本海軍において実際に検討されていた。１９４３年後半のこの時期、日本海軍は潜水艦戦力の再編を目指しており、その方策の一つとして、これまで使用していた大型の伊号潜水艦に代わり、中型の潜水艦を集中的に量産し、戦力拡大を図ることが構想されていたからだ。

呂５００はその参考となったと言われ、新設計の潜水艦は戊《ぼ》型潜水艦と呼ばれた。前述の高松宮宣仁親王が三度も来艦したのは、彼が日本海軍の作戦立案を司《つかさど》る海軍軍令部第一部第一課に所属しており、この潜水艦戦力の再編計画と無関係ではなかったからかも知れない。

すでに1943年4月の段階で、軍令部では後の戊型に繋がる中型潜水艦の大量建造の方針が検討されていることから、U511の回航の手続きと中型潜水艦量産の構想はどこかでリンクしていた可能性がある。

だが、結果を言えばこの案は破棄され、新型潜水艦の量産は幻になった。

その理由は、呂500と同等の性能を発揮する中型の潜水艦を量産することは、日本の金属材料の不足と工作機械の不備のため困難で、また性能的にも、日本海軍の現実の作戦には適さなかったためと言われている。

戦況が悪化の一途を辿っているこの時期、既存の潜水艦の生産ラインを閉じ、完全に新たな艦型の潜水艦の量産に切り替えることは、日本海軍としてもリスクが高すぎて選べなかったのかも知れない。また、海軍技術士官だった内藤初穂技術大尉の著書『海軍技術戦記』（図書出版社、1976年）には、呂500を参考にした新型潜水艦の研究中止について「従来の潜水艦の水中速力では敵のソナーやレーダーを振り切ることができなくなったため」と記されている。前線の現実を踏まえると、戊型という新型では時代遅れという判断が下されたと言える。

ただ、呂500の調査が日本海軍の艦艇の運用や設計に全く影響を与えなかったというと、決してそうではない。

日本側が取得した呂500調査による新技術については、日本造船学会編『昭和造船史　第1巻（戦前・戦時編）』（原書房、1977年）に「当時の両国潜水艦において性能上の差異の最大のものは、音響対策であった」「独潜にならって潜航中使用する海水ポンプ、冷却機、通風機、重油漏洩防止ポンプに対し、防振間座を装備することは、最小限度の緊急事項として全艦に実施された」とある。

間座とは英語で言うと「スペーサー」で、機械同士の間に取り付けて空間や間隔を保つ部品を指す。ここで言われている間座の多くは具体的には防振ゴムだったようだ。日本海軍はこの防振ゴムの研究を戦前から海軍技術研究所音響研究部を中心に進めており、ドイツが先行して発達させていることも把握していた。Ｕ５１１の来航によって、ついにその実物を入手した日本海軍はこれを研究し、艦艇機関部への防振ゴムの装着を目指した。

　この防振ゴムは、主に海防艦のディーゼル発電機に装着された。また、一部の海防艦には主機械のディーゼル機関にも試験的に装備され、大変に効果があったという。海防艦顕彰会編『海防艦戦記』（原書房、１９８２年）には、第77号海防艦がドイツ製の防振ゴムを装備したという記述があり、同艦がこの試験の対象だったのかも知れない。

　潜水艦への装備については、前述の『昭和造船史』の記述と矛盾するが、技術系の資料によっては潜水艦への装着がほとんど行われなかったと記載しているものもある。ただ、全く行われていなかったとは思い難い。

　呂５００から日本の潜水艦に与えた影響の最大のものは、伊２０１型、波２０１型へのドイツ式の溶接技術の導入だろう。

　伊２０１型、波２０１型は共に日本海軍が建造した水中高速潜であり、伊２０１型は潜高《せんたか》型あるいは潜高大《せんたかだい》型、波２０１型は潜高小《せんたかこ》型とも呼ばれた。両型は連合国の対潜技術の向上に対抗するため、水中速力の向上と潜航時間の長大化を目指しており、水中速力は、伊２０１型は19ノット、波２０１型は13ノットを計画していた。呂５００の水中速力が７・７ノットであることを踏まえれば、大変な高速である。日本海軍は戊型のような従来型の潜水艦ではなく、この伊２０１型や波２０１型のような水中高速潜の量産により戦況を打開することを考えていた。

　この伊２０１型、波２０１型には量産の簡易化のため、従来の研究に加え、呂５００も参考として導入された溶接技術が用いられた。戦前、日本の軍艦は鋼板をリベット（鋲）で繋ぐのが基本だったが、ドイツのＵボートは溶接が基本であり、日本海軍はＵ５１１の船体とドイツ側から提供された資料、そしてＵ５１１が運んだハンス・シュミット技師の力により、ドイツ式の溶接技術を取り入れ、それを新型の伊201型などに反映した。

伊201型は船体の大部分が溶接構造で、一部がリベット接合、波201型は全溶接構造で、ともにブロック工法を導入していた。両型の建造方法は同時期に多数が量産された小型の輸送潜水艦、波101型（潜輸《せんゆ》小《こ》型）でも導入された。

溶接用鋼材としては、ドイツUボートが利用するSt52鋼が使用された。また、伊201型は主機排気によるメインタンクの低圧排水法を採用しているが、これはドイツUボートに倣ったものだという。

呂500の魚雷については、呂500乗組員が「機械は（ドイツの方が）いいけど、魚雷については日本海軍の方が優秀。ドイツの魚雷は撃つとジャンプする」と述懐している。原因は判然としないが、大戦前半にドイツ海軍で大問題になったドイツの魚雷の不良問題が、呂500（U511）が持ち込んだ魚雷にも当てはまったのか、あるいは別の理由かも知れない。

ドイツから譲渡されることになったもう1隻のUボート、U1224の回航は不成功に終わった。

U1224はⅨC／40型として1943年10月に竣工。日本海軍の伊8が8月にヨーロッパに運んできた日本の乗組員を迎えてドイツ海軍の指導の下で約半年間の訓練を行い、翌1944年3月30日、日本海軍名称・呂501、秘匿名称「さつき二号」の名で多数の資料・物資と共にキール軍港を出撃した。しかし、同艦の行動予定は連合軍側の暗号解読で筒抜けになっており、大西洋を南下していた途上の5月13日、アメリカ海軍の駆逐艦に撃沈された。乗組員50名は全員戦死した。

この時点ですでに日本海軍は戊型の生産を中止しており、呂501自体は、たとえ無事に日本本土に到着しても、ヒトラーが望んだような「インド洋で活躍するUボートの日本での量産」には貢献できなかっただろう。

ただ、ⅨC／40型の呂501（U1224）は、ⅨC型の呂500（U511）よりもやや大型であり、乗組員たちも腕利きの者が集められていた。ドイツ海軍と協同訓練を行った期間も半年間で、呂500の場合の約3倍にも及ぶ。

もし呂501が日本に到達していれば、当時建造中だった他の日本海軍の潜水艦の設計に影響を与え、乗組員たちがドイツで学んだ知見を各所で発揮した可能性は十分にあり得ただろう。

呂500の太平洋戦争

1944年5月、呂500は呉潜水戦隊指揮下の第33潜水隊に移った。

第33潜水隊は呉に配置されていた訓練用の潜水艦部隊である。呂500はその1隻となったのだった。調査の結果、量産化が見送られ、さらには「ヒトラーからの贈り物」で、かつ魚雷などの兵装は不足し、破損すれば修復に大きな労力が必要となる呂500は、おいそれと作戦に投入できない存在だった。実戦に出せず、さりとて朽ち果てさせるには惜しい潜水艦なら、訓練に使うのが最善と言える。

だが、呂500が第33潜水隊にいる時期は短かった。7月1日、呂500は呉の防衛を担う呉防備戦隊に編入され、さらに8月1日、呉防備戦隊内の特設対潜訓練隊に編入された。

特設対潜訓練隊はその名の通り、駆逐艦や海防艦、駆潜艇などの対潜艦艇の乗組員の訓練や、対潜戦闘の実験・訓練を行う部隊で、同任務については海軍対潜学校長の区処を受けた。呉防備戦隊内の対潜指導班が元で、これが拡大した組織だ。

呂500が編入された直後、同部隊には呂500の他、大正時代に建造され旧式化して練習潜水艦となっていた呂62、呂68、そして10隻以上の海防艦や掃海艇、駆潜艇が所属していた。ただし、呂68は9月、呂62は10月の時点で同隊に編入されており、少なくとも7月から8月半ばにかけては呂500だけが海防艦の教育に関わる潜水艦だったようだ。

呂500は伊号潜水艦に比べて小型で、高い潜航能力と静粛性を持つ。潜水艦狩りを主任務とする対潜部隊の育成役にはもってこいと判断されたのかも知れない。

特設対潜訓練隊は教育部隊で、所属する艦艇の出入りは激しかった。『戦史叢書〈46〉海上護衛戦』によると、兵力不足により同隊での教育期間は平均して15～20日で、実質的な訓練期間は1週間程度だった。隊司令の西岡茂泰少将は、新造艦艇の初等教育に最低3カ月は必要だと主張したが、受け入れられなかった。

特設対潜訓練隊の拠点は大分県の佐伯港に置かれた。呂500は呉を離れ、この基地を中心に活動を行うことになった。

呂500がどれだけの艦艇を相手に訓練を支援したのかは判然としない。しかし、同隊の潜水艦は基本的に呂500と呂62、呂68の3隻であり、海防艦が本物の潜水艦を相手にする訓練を行う場合、この3隻のうちのどれかが出撃する必要がある。しかも同隊には9月まで呂500しか潜水艦がいなかったことを踏まえれば、呂500は相当数の海防艦を相手にした訓練に参加したと思われる。

訓練の方法は、海防艦の艦橋の前ガラスを目隠しして、潜航中の潜水艦を聴音だけで追い、探知報告に合わせて潜水艦の上を横切り、時には爆雷を投下する。この際、潜水艦はブイを曳航して、自分たちがどこにいるのかを洋上に示す、というものだ。

ただ、この訓練では爆雷が本当に自分の頭の上に降ってくることもあり、呂500や呂68の乗組員たちを恐れさせた。実際、この訓練を始める前には、潜水艦にとって危険すぎるという理由で、隊内でも反対の声が大きかったという。

佐伯には佐伯海軍航空隊があり、瀬戸内海の出入り口である豊後水道の上空哨戒を行っていた。このため佐伯航空隊も対潜訓練を行う必要があり、その支援を特設対潜訓練隊に依頼していた。呂500は航空隊の搭乗員たちの目も養っていたようだ。佐伯には護衛空母のための母艦航空隊である第九三一航空隊も本拠を置いており、こちらの訓練にも関わったかも知れない。

事故も経験した。時期は分からないが、防空注意報が発令された関係で当直下士官が誤った操作をしてしまい、艦が勝手に進み出て、別府湾に乗り上げてしまったのだ。艱難辛苦《かんなんしんく》の末、呂500は夕方の満潮を利用して離脱に成功、どうにか通常に復帰した。艦が再び動き出した時には万歳三唱が起こったという。

1944年9月29日、呉鎮守府が第十一潜水戦隊に「呂500は修理中で10月10日までかかる。しかしこの間、対潜訓練隊の艦艇14隻及び佐伯航空隊の電探装備機の対潜訓練は呂68のみの担当となっている。このため、第十一潜水戦隊から10月2〜7日までで1〜2隻出して協力してほしい」と要望を伝えている。

この呂500の修理が座礁事件と関係があるかどうかは分からないが、訓練以外の状況でも、呂500が危険と無縁ではなかったことを示している。

1945年(昭和20年)3月から4月にかけては、訓練中の海防艦の艦底に下方から衝突、潜望鏡をくの字に曲げてしまい、その修理のために再び佐伯から呉に修理に向かうというアクシデントにも見舞われている。海防艦と潜水艦の接触は大事故に繋がりかねない事態であり、それだけ際どい訓練が行われたということだろう。

呂500が海防艦や航空隊相手の訓練に奮闘する一方、戦局はさらに悪化。1944年6月にはマリアナ沖海戦、10月にはレイテ沖海戦が起こり、連合艦隊は壊滅状態に陥った。11月にはマリアナ諸島からB-29の日本本土への爆撃が開始され、佐伯での対潜部隊の訓練にも支障が生じはじめた。

1945年3月には佐伯港も米機動部隊の空襲を受けた。2013年に大分県宇佐市の地域おこし市民団体「豊の国宇佐市塾」が米国立公文書記録管理局(NARA)の所蔵映像から特定・公開した米軍機のガンカメラ映像では、敵機の機銃掃射を受ける呂500の姿が捉えられており、艦橋には日の丸と「ロ500」と思しき文字が描かれている。塗装は日本海軍の潜水艦に準じたものになっているようだ。

空襲を避けるため、特設対潜訓練隊は揃って日本海側に逃れることになった。

新たな拠点に選ばれたのは、石川県能登半島の中央部に位置する七尾湾。これは、日本海側の主要な軍港である舞鶴軍港が、敵の攻撃の主目標になることを予想しての措置だった。

4月上旬、訓練隊の艦艇の回航が開始され、途中で海防艦1隻が機雷で損傷した他は大過なく七尾湾に到着した。もちろん、その中に呂500も含まれている。呂500は舞鶴を経由して七尾湾に向かったようだ。また、この機会に呂62は第33潜水隊に転出してしまい、訓練隊の潜水艦は以後、呂500と呂68の2隻だけとなる。

七尾湾到着後は、七尾港を基地とし、能登半島東側の富山湾を訓練海域とした。

5月、特設対潜訓練隊は第五十一戦隊に改編され、舞鶴鎮守府部隊に編入された。ただし、内実は変わらず、呂500も海防艦の訓練に携わり続けた。

戦隊に同居する海防艦の数はさらに増え、6月1日の段階でその数は13隻を数えた。太平洋戦争はすでに末期だが、呂500はひたすら海防艦を相手に奮闘する、目まぐるしい日々だったに違いない。

この時点で、第五十一戦隊司令部は関西汽船所属の瀬戸内海航路用客船「こがね丸」にあった。司令部は毎日、海防艦の艦長と船上で綿密なブリーフィングを行い、その後に対潜訓練を行った。

呂500の整備は舞鶴で行われたようで、日本の潜水艦と全く違う呂500の構造は、舞鶴海軍工廠の工員たちを驚かせた。同工廠に勤めていた岩下登技術大尉は、戦後、舞鶴海軍工廠造機部関係者のOB会「鶴桜会」の会誌に「エンジンのメータ類が日本のように丸型ではなく、指針が上下に動くものであったのにはびっくりしました」「エンジンがすべてアルミの板でカバーされ、床がアルミの波板であったり、防振装置が施してあったりで、大いに感心した」と記している。

第五十一戦隊は日本海における対潜戦闘にも従事した。例えば6月には、アメリカの「バーニー」作戦で日本海に侵入したアメリカ潜水艦グループの掃討に従事。第五十一戦隊所属の第158号海防艦が、複数の海防艦と協同して潜水艦「ボーンフィッシュ」の撃沈に関わっている。

呂500の存在が多数の海防艦に実戦さながらの訓練を行う機会を与えたのは事実であり、その経験が海防艦の錬度の向上に繋がり、結果、多くの軍艦・商船の乗組員が敵潜の攻撃から守られたことを思えば、ドイツから日本への呂500の譲渡は決して無意味ではなく、本来の意図ではなかったにしろ、有意義な結果だったと言える。

なお、佐伯港での活動中、呂500の潜水艦長は3度変更された。ここに歴代の潜水艦長を記す。

初代・田岡清少佐：1943年9月16日～12月3日
二代・椎塚三夫大尉：1944年4月30日～7月5日
三代・山本寛雄大尉：1944年7月5日～9月15日
四代・山本康久大尉：1944年9月15日～1945年11月29日除籍

このうち、初代艦長の田岡清少佐は呂500艦長を務めた後、伊181艦長となり、1944年1月16日に同艦沈没の際に戦死した。一方、残りの3名は、無事に戦争を生き残っている。

呂500は海軍士官たちの教育の場としても機能した。

例えば、二代目艦長の椎塚三夫大尉は、潜水艦長を育成する海軍潜水学校甲種学生課程を経た後、呂500潜水艦の艦長となり、その後、中型潜水艦の呂41の艦長となり、前線に出撃を繰り返した。また、三代目艦長の山本寛雄大尉も、1944年6月に伊361の水雷長から呂500水雷長となった後、椎塚大尉の転出に伴って呂500の艦長となり、その後、呂59潜水艦長を経て潜水学校甲種学生となった。四代目の山本康久大尉も潜水学校甲種学生を経て呂500艦長に着任している。

呂500の機関長や水雷長、航海長となった中尉・大尉クラスも、潜水学校を経て呂500に着任し、そこでの勤務の後、第一線で活躍する潜水艦に転出した者が多い。

ドイツ海軍の太平洋戦争
元U511乗組員たちの戦い

太平洋での戦況の悪化は、インド洋のドイツ海軍Uボート部隊こと「モンスーン」グループにも無関係ではなかった。

インド洋での連合軍の対潜部隊の強化により、インド洋のUボートは次々と失われていった。また、マレー半島のペナン、蘭印のスラバヤ、バタヴィア（現ジャカルタ）での補給物資の不足（特に魚雷）により、通商破壊戦でも有意義な戦果を得られなかった。

そうした中、元U511乗組員たちが乗り込んだ4隻のUボートは、それぞれに異なる戦いを経験することになった。

■UIT23

元U511乗組員たちが移動したUボートの中で最も犠牲者を出すことになったのがUIT23だった。

1944年2月14日、UIT23はヨーロッパに帰還するべく大量の物資を積んでシンガポールを出港、最初の目的地のペナンに向かった。なお、この時点での艦長は、元U511第1士官のヴェルナー・シュトリークラーだった。前任者のハインリヒ・シェーファーが心臓発作で同年1月8日に死亡したため、UIT25から移乗して指揮を引き継いだのだった。

だが、UIT23は途中のマラッカ海峡でイギリス潜水艦「タリホー」の雷撃により沈没した。艦長のシュトリークラー以下15名が救助されたものの、ドイツ人35名とイタリア人5名、合計39名が失われた。その中には元U511乗組員12名が含まれている。元U511の乗組員たちは、「オゾルノ」から降りてたった4カ月で、戦友の三分の一を失ったのだった。

■UIT24

元U511の第2士官のハインリヒ・パールスが指揮するUIT24も1944年2月2日に大量の物資を積み込み、ペナンを経由してヨーロッパに向かおうとした。

　しかし、途中のインド洋で補給を受ける予定だったドイツ海軍の輸送船が撃沈されたため、シンガポールに引き返さざるを得なかった。途中、燃料不足で立ち往生しかけたＵＩＴ24だったが、危ういところで「モンスーン」グループとしてインド洋に到着したＵ５３２から給油を受けることに成功。２隻は燃料庫がほぼカラの状態でペナンに到着した。

　その後、ＵＩＴ24は極東で物資輸送に従事。１９４４年6月から9月にかけては積み荷を食料に入れ替えて日本を訪れている。１９４５年1月にシンガポールに到着して再びヨーロッパ帰還を図るも、艦の状態が悪く修理のために再び日本に。元Ｕ５１１の乗組員は戦争中に3度目の来日となった。

　三菱神戸造船所で修理を受けていたＵＩＴ24は５月のドイツの降伏に伴って日本海軍に接収され、７月15日付で日本海軍に伊５０３として編入された。だが、そのまま神戸港に係留され、終戦となった。

　ＵＩＴ24の乗組員たちはドイツの敗戦と同時に民間人扱いになり（民間人パスポートを発行されたという回想がある）、六甲の六甲山ホテルと六甲オリエンタルホテルに収容された。行動は比較的自由で、乗組員たちの生活はそれほど厳しいものにはならなかった。六甲の山中には缶詰めや黒パンなど大量の食料が貯め込まれており、ドイツ海軍の兵士たちはこれを売って金にして娯楽に費やしたという。

　艦長のパールスなど乗組員たちは、ドイツ敗戦後に神戸大空襲に巻き込まれたが、辛くも生き残った。日本側が用意した伊５０３の乗組員には元呂５００乗り組みで日独協同訓練に参加した人物もおり、終戦前の会合の際、両者は久方ぶりの再会を喜んだという。

■ＵＩＴ25
　ＵＩＴ25も１９４４年2月8日にシンガポールからペナンに向かい、10日ペナンに到着、ヨーロッパ帰還のため物資を搭載した。その後、艦長のシュトリークラーがＵＩＴ23艦長に転出するも、同艦が撃沈されたことで復帰。しかし、エンジン故障により帰還は不可能となり、3月11日に蘭印のジャワ島で小規模な修理を受け、さらにその後、より本格的な修理のために日本本土に向かい、6月から三井玉野造船所のドックに入った。

UIT25の状況はUIT24よりもさらに悪く、長期の修理が必要だった。このためUIT25はドイツ敗戦の時点まで乗組員たちと共に日本に留まった。

艦長のシュトリークラーは9月にU196の艦長となり、オーストラリア西岸での通商破壊戦に参加するべくバタヴィアを出撃したが、途中で行方不明になった。U196とシュトリークラー以下の乗組員の最期は今もって不明である。

ドイツの敗戦後は神戸で日本海軍に接収され、伊504となった。乗組員たちはUIT24と同じように六甲のホテルに収容された。

日本の降伏後、元ドイツ海軍将兵たちは連合軍の管理下に置かれ、それまでとさほど変わらない生活を続けた。そして1947年(昭和22年)、2隻の輸送船でドイツに帰還している。

■U183

第三節にて詳述。

戦後のドイツにおいて、U511乗組員を含めた「日本に滞在したドイツ海軍の将兵たち」は、「ニッポン・クルー」という親睦会を作った。

戦時中、日本を訪れたUボートは、これまで紹介したU511、U183、UIT24、UIT25以外にもU510、U532があり、合計で6隻を数える。日本に辿り着いたドイツの輸送船や仮装巡洋艦の数はさらに多い。日本において訪独を果たした伊8などの潜水艦が特別視されるのと同じように、ドイツにおいても、地球の反対側の日本に向かい、そして生還した男たちの日本滞在の記憶は、特別な何かだったようだ。

「ニッポン・クルー」の世話役はウィルヘルム・オスターフェルト。同氏は戦時中、仮装巡洋艦「ミヒェル」

で来日、その後に箱根に滞在。さらにペナンに移動してドイツ海軍の通信施設に勤め、気象図の作成に関わった。ドイツ敗戦までに神戸に向かい、そこで終戦を迎える。「ニッポン・クルー」を立ち上げたのは1980年代半ばで、年に1回、ブレーメン近郊の港町ブレーマーハーフェンなどに集って親交を深めた。メンバーの近況を伝える会報も毎年夏と冬の2回、発行されていた。

1991年（平成3年）、オスターフェルトは「ニッポン・クルー」を率い、多数のドイツ海軍将兵が長期間滞在した箱根を訪れている。

オスターフェルトの作成したリストによると、日本に来航したU511の乗組員47名のうち、戦死者は16名、病死1名。生き残ってドイツの敗戦時に日本にいたのは26名だったという。また、U511艦長シュネーヴィントの弟であるホルスト・シュネーヴィントも「ニッポン・クルー」に参加していた。

「ニッポン・クルー」の会合は23人が集った2007年（平成19年）9月が最後となった。この後、「ニッポン・クルー」は解散になったと思われる。

最後に、U511初代艦長、フリードリヒ・シュタインホフについて述べる。

シュタインホフはU511を降りた後、いくつかの部隊を巡り、最後に、完成したばかりのⅨD2型、U873の艦長になった。1944年3月1日のことである。

訓練途上で受けた空襲で損傷したために訓練完了が遅れ、1945年3月に初出撃となった。向かう先はアメリカ東海岸近海である。だが、東海岸に到着した辺りでドイツの降伏を知り、5月11日、米駆逐艦に降伏し、アメリカのポーツマスに移動した。

その後、思いがけない悲劇が起きる。U873の乗組員たちはポーツマスで下船した後、ポーツマス海軍刑務所に送られ、厳しい取り調べを受けることになった。乗組員たちは暴行を受け、私物を略奪された。

終戦直前、米海軍は諜報機関からもたらされたUボートからのミサイル発射の可能性と、それによる東海岸への攻撃を極度に警戒しており、その情報を欲していたのだ。このため、米本土近海で捕らえられたUボートの乗組員たちは厳しい尋問を受けることになった。

矛先は艦長のシュタインホフにも向けられ、彼は尋問の最中に暴行を受けた。これが原因でシュタインホフは移送先のボストン刑務所で手首を切って自殺した。

1942年にバルト海で実施されたU511によるロケット発射実験と、米軍が入手していたUボートからのミサイル攻撃の可能性に関する情報との間に、直接の関係があるかどうかは判然としない。しかし、Uボートによる米本土へのミサイル攻撃は、当時ドイツがイギリスにV1飛行爆弾、V2ロケットでの攻撃を行っていたことを考えれば技術的に可能と判断するのが妥当であり、その渦中にシュタインホフが置かれてしまったという事実は悲劇というほかない。

呂500の終戦後の出撃と終焉

1945年7月下旬、呂500は青森県の大湊海軍工作部で一般修理を行っていた。

おそらく他の軍港の工廠では、空襲の被害が予想されたのだろう。この時期、日本の大都市はB-29の空襲によって軒並み焼け野原となっており、もはや日本海軍艦艇にとって安息の地は北海道と東北の港しかなかった。いや、そうした港にしても、B-29の機雷封鎖や米機動部隊の空襲を断続的に受けていた。

7月末から8月初めにかけて、呂500は七尾に戻った。

8月9日には、ソ連の参戦を受け、日本海沿岸の各部隊に臨戦態勢が命じられた。当時、舞鶴には空襲を避けるべく多数の潜水艦が集結しており、その中には呂500によって持ち込まれた溶接技術を導入して完成した水中高速型潜水艦、伊201型の伊201と伊202の姿もあった。

伊２０１は海兵61期の坂本金美少佐、伊２０２は海兵67期の今井賢二大尉が指揮を執っていた。呂５００艦長の山本康久大尉も海兵67期で今井大尉とは同期生の仲だった。

８月12日、呂５００は七尾から舞鶴に到着、対ソ戦への出撃準備が整えられた。七尾からの出撃では、「こがね丸」船上から乗組員たちに帽振れで見送られたという。なお、翌日には第五十一戦隊にも沿海州攻撃のための予備命令が下されたという回想がある。日本海の日本海軍は、対ソ戦に全面的に傾斜しつつあった。

舞鶴では燃料が搭載され、艦内は食料で一杯になった。「ベッドの下には魚雷が収納された」という回想があり、おそらく訓練のためにそれまでは基本的に降ろされていたＵ５１１のドイツ製魚雷が再び搭載されたのだろう。呂５００の兵装はドイツから運んできたものしか使用できないため、これを消耗すれば呂５００は二度と攻撃が行えなくなる。

出撃準備が進んでいた８月15日、終戦。舞鶴の各艦では玉音放送が傍受され、潜水艦員たちは終戦を知った。呂５００ではラジオの調子が悪く、上手く聞き取れなかったという。

各地で軍の一部がそうだったように、舞鶴の潜水艦部隊は終戦の報に納得しなかった。潜水艦部隊はいまだ健在、しかも多数の潜水艦が特攻兵器である「回天」を用いた作戦に従事しており、今さら引くに引けないという雰囲気があった。場所は違うが、８月12日、「回天」戦に従事した後に呉に帰還した伊53の乗組員たちは、終戦の空気を察して再出撃についてなおざりな態度を取った第六艦隊司令部に激怒し、終戦後も「特攻で死んでいった者をどうしてくれるのかと、『出撃準備だ！』と叫んでいた」という。

舞鶴ではそうした空気を咎《とが》める空気が弱かったようだ。舞鶴における潜水艦部隊の出撃準備は、呂５００を含め、終戦後もそのまま継続された。目的地はウラジオストク近海。目標はソ連船舶の攻撃である。

出撃を企図した潜水艦の数は確定できなかったが、少なくとも伊２０１、伊２０２、呂５００の３隻が関わったのは、各潜水艦の乗組員の回想等から確実と思われる。出撃は、最先任だった伊201艦長、坂本少佐の下に潜水艦長たちが集まり、相談の上で決定したという。

3隻の潜水艦が揃って反乱を企てるなど、日本海軍史上稀に見る抗命事件だろう。現代の視点からすると異様とも言える状況だが、ソ連の対日参戦と、これまでの努力と犠牲が無になる敗戦の報を受けた乗組員たちの気持ちは察して余りある。

特に伊202艦長、今井大尉の怒りは大きく、「ソ連背信の憤懣《ふんまん》は、我が生涯最大のものだった」「今直ちに、目と鼻の先のウラジオストックを攻撃したい衝動に駆られた」と回想している。

8月16日、呂500では艦長の山本大尉から総員集合の命令があった。山本大尉は乗組員に後甲板で軍艦旗を外し、士官室にあった写真、航海日誌その他や赤本（教本）、機密書類を集めて陸上に山積みにして火をかけて焼くよう命じた。呂500の終戦前後の戦時日誌、戦闘詳報などは、この焼却で失われてしまったものと推測される。

さらにその後、山本大尉から出撃を知らされたのか、乗組員たちは最初で最後となる呂500の出撃準備に入った。いつのタイミングかは分からないが、呂500の艦内には機関銃や手榴弾などありったけの武器も積み込まれた。「ウラジオに上陸して戦うつもりだった」という回想もある。

乗組員たちは意気軒昂《けんこう》で、誰もがソ連に一矢報い、日本海軍の最後の意地を見せつけるつもりだった。ただ、士官たちは、これが海軍の指揮系統を外れた行為、事実上の反乱だと自覚しており、祖国には二度と帰れないだろうと感じていた。

8月18日、出撃準備が整った呂500は他の潜水艦たちと共に舞鶴軍港を出撃した。

呂500乗組員は甲板に整列、岸壁に集った大勢の人々に「帽振れ」の歓声、そして海軍軍楽隊の「海ゆかば」「軍艦マーチ」の演奏で見送られての勇壮な出撃だった。とても終戦から3日後の話とは思えないが、この終戦後の盛大な出撃の模様は、多数の呂

500、伊202乗組員、舞鶴海軍工廠関係者の回想で言及されている。

この時、呂500には艦橋の日の丸を塗りつぶし、白いペンキでドクロのマークが記されていた。死ぬまでは日本に帰ってこないという意味だったという。空に伸びる潜望鏡には、「南無八幡大菩薩」と記した幟《のぼり》と、こいのぼりが掲げられていた。

伊202でも「南無八幡大菩薩」の旗が掲げられていたようだが、ドクロマークを描いたのは呂500が唯一とされる。このマークはかなり目立ったようで、これもまた、舞鶴鎮守府の地上施設や、洋上の艦艇の多数の海軍将兵たちに目撃されている。

だが、その後、日本海を航行していた呂500に、出撃を知った第六艦隊司令部から出撃を止める命令が届く。伊202には第六艦隊の参謀が飛行機で通信筒を投下して説得を試みたという。

結局、各潜水艦長は第六艦隊司令部の説得を受け入れ、舞鶴に帰還した。呂500が反転したのは翌日だと言われているが、ウラジオストク沖に1週間ほど留まった伊202が戦闘哨戒の途中で隣の哨戒区に呂500を見つけていることから、果たして本当に翌日だったのかは断言できない。

とにかく呂500は舞鶴への帰路を辿り、乗組員たちは泣きながら帰ってきたという。戻った舞鶴港には出撃時と違って誰も出迎えがおらず、乗組員は終戦を実感した。

ソ連に激しい敵意を燃やした伊202も23日〜24日に舞鶴に帰還した。出撃して気が晴れたのか、今井艦長の気持ちはすっきりしていたという。ただ、ソ連への恨みは残ったのか、その後の武装解除の際の訓示では「諸君の今までの努力に感謝する。子々孫々に至るまで、ソ連背信の悔しさを忘れるな！」と叫んだ。

戦後、今井大尉は海上自衛隊の第1潜水隊群の群司令となり、冷戦の只中で自衛隊の潜水艦部隊を指揮し、再びソ連と対峙《たいじ》することになる。

鳴り物入りで始まったにしては尻すぼみとなった反乱だが、日ソの双方に犠牲者がなく、戦後この件でソ連との外交問題が生じることもなく、敗戦で動揺した乗組員たちの気持ちも静まったわけで、その結末は呂500にとり、望みえる最良のものだったように思える。

敗戦からほどなく、旧海軍将兵の復員が進められた。事実上の反乱に参加した呂500の乗組員だったが、その後、特にお咎めがあったという話はなく、順次復員していったようだ。

呂500による反乱を指揮した四代目艦長、山本康久大尉は戦後、鹿島建設株式会社の専務取締役となるという出世を遂げる。あだ名は「艦長」だったという逸話が同社ホームページに残されている。

呂500の艦内発令所に置かれていた、野村直邦中将（終戦時、大将）が残していった「不撓《ふとう》」の書は、この前後に艦長の山本が持ち帰った。この書は戦後、呂500の戦友会で再公開されたようだ。

10月14日、アメリカ海軍の接収部隊が舞鶴の呂500を接収した。11月30日、呂500は呉鎮守府在籍の潜水艦籍から公式に除かれた。

舞鶴の潜水艦群は、呂500を含めて艦長をはじめとする何人かが舞鶴に留まり、米軍の管理下で艦の保全を続けたようだ。伊202艦長の回想には、この時期、ひたすら米兵とのトランプで暇をつぶしつつ、艦に寝泊まりして保全に努めたという記述がある。

1946年（昭和21年）4月30日、呂500は舞鶴に残存していた2隻の潜水艦、呂68と伊121と共に舞鶴市の冠島《かんむりじま》沖に沈められた。

2018年6月に呂500再発見を成し遂げた「ラ・プロンジェ深海工学会」の浦氏によると、3隻は伊121が呂68を右に、呂500を左に抱えて曳航する形で舞鶴沖に進み、まずは呂68、次いで呂500を沈め、最後に自らが沈んだと推測している。偶然とはいえ、共に第五十一戦隊で海防艦の訓練に当たった呂68の隣で呂500が最期を迎えたことは、運命的なものを感じさせる。

1971年（昭和46年）9月26日、呂500の乗組員たちによって第1回の戦友会が開催された。開催地は大阪のホテル・アルデバランで、22名の元乗組員たちが集まった。

その後、呂500の戦友会は毎年開催されるようになり、戦友たちの憩いの時間となった。開催地は東京、神戸、愛知、広島など全国に広がり、各地の乗組員たちが持ち回りで幹事を務めた。1980年（昭和55年）における戦友会名簿には約70名の名前がある。

呂500戦友会は平成になっても続き、2005年（平成17年）には第35回が開かれた。しかし、その後の動向は2007年の開催以外確認できず、ほどなく解散となった可能性が高い。

U511のもたらした戦後の奇跡

U511の日本への回航の意義は、戦後に大きく花開いた。U511の運んだ様々なドイツの技術が、日本の戦後の復興に貢献することになった。

最大の貢献は溶接技術の普及だ。前述の通り、日本海軍はU511の研究により、ドイツの優れた溶接技術を取り入れ、伊201型水中高速潜などに採用した。この技術は戦後の海上自衛隊の艦艇を含めて、船舶や建築など様々な工業分野に応用され、日本の産業復興に大いに関わることになった。

伊201型の設計は戦後、海上自衛隊の最初の国産潜水艦「おやしお」にも影響を与えたと言われている。伊201型は設計そのものもU511の影響を受けており、あえて誇張した表現を選べば、U511の遺伝子は現在のすべての海上自衛隊の潜水艦にも受け継がれていると言える。

また、U511が運んだISOMA射出成形機は、戦後、これを購入した日本窒素肥料が同機をモデルにした射出成形機の量産に着手（実際に製造したのは株式会社名機製作所／現在の日本製鋼所名機製作所）。この開発は全自動電動機械式NADEM100射出成形機の量産化に繋がり、以後、国産の射出成形機はこのモデルを中心に発展していった。

ISOMA射出成形機は、戦後の日本のプラスチック製品開発の跳躍の担い手となったと言える。この功績により、２０１４年（平成26年）、ＩＳＯＭＡ射出成形機は公益社団法人日本化学会の制定した「科学遺産」に認定され、２０１８年には東京上野の国立科学博物館で開催された特別展「明治１５０年記念 日本を変えた千の技術博」において、現在の所有者である旭化成ケミカルズ樹脂総合研究所の協力の下で実物が公開されて話題を呼んだ。

２０１０年代にはサブカルチャーの分野で日本海軍への注目が高まり、その結果がどこまで影響を与えたのかは判然としないが、２０１８年に「ラ・プロンジェ深海工学会」が呂５００探査のための資金調達を目指して立ち上げたクラウド・ファンディングでは、目標金額２００万円を大幅に上回る４６０万円が３９１人の支援者から集まった。

歴史を知ることが未来への最良の指標であるならば、Ｕ５１１／呂５００は、「ドイツから日本に回航されたＵボート」という稀有《けう》な来歴ゆえに、人々を歴史興味へと誘う良ききっかけになりえる存在だろう。

もしかすると、それこそがＵ５１１／呂５００のもたらした、今に生きる我々にとって最良の「奇跡」かも知れない。

呉に到着した直後、甲板上に整列し、日本海軍による閲兵を受けるU511の乗組員たち。右から3番目の人物が、当時の呉鎮守府司令長官、南雲忠一中将と見られる。他の日本海軍士官は、呉鎮守府司令部の人員だろう。(Axel Dörrenbach)

上の写真から連続したシーン。整列した乗組員たちが、南雲中将らとともに艦を訪れたドイツ海軍士官の話を聞いている。これも推測になるが。右から3番目の人物が、極東のドイツ海軍の指揮を執っていたパウル・ヴェネッカー中将と思われる。(Axel Dörrenbach)

これも呉到着後から間もないタイミングで撮影された写真。背景に巨大な工場施設があることから、呉海軍工廠の近辺(呉潜水艦桟橋?)での閲兵式ではないだろうか。中央で敬礼しているのはU511艦長のシュネーヴィントだろう。(Axel Dörrenbach)

呉到着直後と思われるU511。場所は呉潜水艦桟橋だろう。ドイツ側の乗組員たちが、停泊のために作業を行っている。右舷側の岸壁（写真左）にいる数名の日本人が物珍しそうにUボートを眺めているのが興味深い。入港前に身支度を整えたのか、乗組員たちは全員が小奇麗な顔となっている。（Axel Dörrenbach）

呉軍港到着後、呉鎮守府における歓迎会での一葉。中央で起立しているのが艦長のシュネーヴィントで、おそらく挨拶を述べているのだろう。場所は呉鎮守府水交社と言われている。同施設は入船山の呉鎮守府司令長官用の官舎近くにあり、現在では残されていない。（Axel Dörrenbach）

休暇中、広島周辺の海水浴場に遊びに来たU511乗組員たち。日独将兵の交流、あるいはプロパガンダ写真の撮影を兼ねていたのか、日本側の将兵たちの姿もある。訓練地に近い江田島、あるいは宮島のどこかと思われる。（Axel Dörrenbach）

これもU511到着後、呉鎮守府水交社で開催されたという歓迎会での写真。立ち上がっているのは呉鎮守府司令長官、南雲中将その人と思われる。バックにいる人物は通訳だろうか。前ページの通り、呉鎮守府水交社はすでに失われているが、この写真と同じ時間帯にU511の下士官兵たちが呼ばれた呉鎮守府下士官兵集会所は現存している。（Axel Dörrenbach）

これも海水浴場で休暇を楽しんでいるU511乗組員たち。ブリーフ式、トランクス式の水着のドイツ人に交じり、ふんどし姿の日本人も見える。冷たい飲み物として、レモネードを飲んでいる。(Axel Dörrenbach)

宮島の厳島神社を観光中のU511乗組員たち。右端の日本人は案内役だろうか。背後にあるのは厳島神社の大鳥居。鹿を前にして記念写真といったところか。ちなみに、厳島神社の鹿は戦中戦後、食糧難や進駐軍による狩猟のために激減している。(Axel Dörrenbach)

別府を観光中のU511乗組員。U511の乗組員が別府に向かったのは日独協同訓練が終わった後なので、おそらく1943年9月の撮影だろう。案内役の日本海軍の水兵もいる。背景には「漆器のデパート」の看板を掲げた「川又」という名の漆器店があり、たいへんに賑やかな雰囲気である。(Axel Dörrenbach)

別府温泉での記念写真。戦前から観光地として有名だった別府温泉の奇観、源泉が湧出する“別府地獄めぐり”の地獄の一つをバックに撮影された。左端の眼鏡の日本人は、上の写真と同一人物だと思われる。(Axel Dörrenbach)

プロパガンダ目的のためか、U511の乗組員たちは別府への旅行中に日本人の下士官兵との集合写真を数多く撮影しており、こちらはその1枚。背景に海が見えるため、別府への道中、船上での撮影と思われる。
(Axel Dörrenbach)

これも別府への旅行中、船上での撮影だろう。有名な写真で、海外の文献でも「日独海軍の連携」を示す際によく掲載される。引き続いて眼鏡の日本人水兵が登場している。U511乗組員に肩を組まれており、かなり気に入られていたのかも知れない。この水兵は太平洋戦争を生き残れたのだろうか……。
(Axel Dörrenbach)

終戦後、舞鶴軍港に停泊していた（右から順に）呂500、伊121、呂68。3隻とも米軍の手で艦橋および左舷艦首に艦名が書かれているが、写真右から「RO500」「RO68」「I121」となっており、伊121と呂68を取り違えている。この3隻が、自沈に向けての最後の航海の仲間となった。（大和ミュージアム）

ペナン島を出港するU511を左舷側前方から捉えたもの。これもスウェッテナム桟橋からの撮影だろう。艦橋側面に描かれた日の丸は、前方や上空からでは分かりにくかったと思われる。（大和ミュージアム）

こちらもペナンから出撃後のU511。よく知られた写真で、IXC型Uボートのシルエットが分かる秀逸な一葉である。沖合には多数の日本海軍船舶が停泊している。U511の乗組員たちの多くは、日本への艦の譲渡を終えた後、再び他の潜水艦の乗組員としてペナンに向かうことになる。（大和ミュージアム）

呉で撮影された、日独双方のU511／呂500（予定）乗組員の集合写真。日本側の将兵全員がきちんと帽子を被っているのに対し、ドイツ側の何人かはいい加減な帽子の被り方なのが興味深い。下の写真と背景の建物が同じであるため、同日の撮影と思われる。（Axel Dörrenbach）

U511の士官たちと日本海軍高級将校たちの記念写真。呉での撮影とされるが、中央のシュネーヴィントの右の人物が古賀峯一連合艦隊司令長官と思しいことから、連合艦隊司令部や海軍省の面々との記念写真ではないかと推測される。（Axel Dörrenbach）

1945年3月18日、佐伯港で空襲を受ける呂500。この写真は、豊の国宇佐市塾がアメリカ国立公文書記録管理局（NARA）より取得した貴重なガンカメラ映像をキャプチャーしたものである。同日、佐伯は米機動部隊による空襲を受けており、その艦載機から撮影されたと考えられる。艦首に機銃掃射の水柱が立ち並んでいる。（豊の国宇佐市塾）

こちらも3月18日の佐伯空襲時のガンカメラ映像から。佐伯港における呂500が他の日本海軍潜水艦と同じ塗装を施されていること、艦橋に日の丸と「呂500」らしき文字が描かれていることが分かる。呂500の乗組員の回想にこの空襲の話はほとんど登場せず、呂500はこの後、潜航して攻撃を切り抜けたのではないだろうか。（豊の国宇佐市塾）

1945年10月、進駐軍の米軍人を受け入れる舞鶴の日本潜水艦群。手前から呂500、伊201型2隻（伊201、伊202)、伊121。一連の写真は、前掲の佐伯港のものと同様、豊の国宇佐市塾がアメリカ国立公文書記録管理局（NARA）より取得した映像をキャプチャーしたもの。終戦時の呂500を捉えた大変に貴重な資料である。（豊の国宇佐市塾）

米軍人の視察を受ける呂500の甲板上の様子。写真中央に見えるのが呂500の主兵装の10.5cm単装砲で、第三章第一節にインタビューを掲載した呂500の砲員、小坂茂氏の配置でもある。砲の手前のテーブルの上には木箱と何本かの一升瓶が置かれている。木箱の中身は、呂500の艦内神社かも知れない。
（豊の国宇佐市塾）

呂500の艦橋後部。観測機器や電子兵装のアンテナ等は一部を除き取り外されているようだ。中央の兵装はUボートの主要な対空機関砲だった2cm対空砲。武装解除により機関部が外され、砲身やハンドル、Y字型砲架が残されている。背景には伊201型の艦橋が見える。（豊の国宇佐市塾）

呂500は艦橋後部から続く機銃座と、そこから一段低くなった機銃座を持つ。写真左が高い機銃座、右が低い機銃座で、低い方にも2cm対空砲が搭載されているのが見える。ドイツ出発後、U511／呂500の兵装が変更された可能性は低く、同艦の対空兵装は終戦までこの2cm対空砲2基だったと推測される。
（豊の国宇佐市塾）

終戦後の呂500の艦橋全体を捉えた秀逸なカット。佐伯港で空襲を受けた際に描かれていた日の丸や、ウラジオへの反乱出撃時に描かれたというドクロマークは消されている。右側の伊201型では艦上で乗組員が寛いでいる。（豊の国宇佐市塾）

終戦後に撮影された呂500で、特徴的な艦橋前面の構造がよく分かる。人物は呂500最後の潜水艦長、山本康久大尉。1945年8月半ばの反乱出撃を指揮した人物である。舞鶴において米軍による海没処分を待つ間の撮影と思われ、リラックスした雰囲気である。（平基志）

自沈処分前の呂500、伊121、呂68。呂500の最期の姿を伝える貴重な写真である。伊121が左舷側に呂500、右舷側に呂68（艦橋の艦名は伊121と呂68が逆のまま）を抱える形で曳航されている。この写真は、2018年の海底調査で浦氏のチームが艦名を特定する重要な手掛かりとなった。（平基志）

2023年（令和5年）9月末撮影の海上自衛隊舞鶴基地・北吸係留所（北吸桟橋）。71ページ上段の終戦後の呂500の写真と背景の山の形が合致しており、呂500らがこの付近に停泊していたことが分かる。2023年現在、北吸係留所は海上自衛隊のイベント時にしか一般公開されていない。停泊している護衛艦は「あたご」。（内田弘樹）

第三節　伝説の〝沖縄決戦に参加したドイツUボート〟U183

《U・シュネーヴィント》が沖縄決戦に参加していた(!?)

大戦時のUボートの動向を記した書籍の一つに、ハインツ・シェッファー『U-ボート977』（朝日ソノラマ、1984年）がある。

この書籍は第二次大戦終盤にドイツから南米に向かった稀有《けう》なUボート、U977の戦歴を同艦の艦長が綴《つづ》ったものである。この本文自体にも大きな価値があるが、同時に巻末には、前章でも紹介した、戦時中にドイツ大使館海軍武官室に勤務し、ドイツ海軍との協同作戦に間接的に関わった同書訳者の横川文雄氏（上智大学名誉教授）の回顧録「南海のドイツ海軍」が収録されており、こちらも貴重な記録となっている。

横川氏の回顧録は日本語で手軽に読める、極東でのドイツ海軍の動向を記した数少ない資料の一つであり、著者も大いに参考としているところである。

その中に、大戦終盤の太平洋でのUボートの行動を記した文章として、気になる一節が存在する。

「一方、この頃のバタヴィアからは、日本へ《マルコ・ポーロ一号》を回航してきたシュネーヴィント大尉の指揮する潜水艦が、日本海軍に積極的な協力を行うため、太平洋に乗り出していった。折から沖縄では史上未曽有《みぞう》の大戦闘が行われていた。既に幾度か危機に遭遇しながら、そのつど巧みにこれを克服してきた《U・シュネーヴィント》は、敢然として沖縄の大海戦に突入し、奮戦よく2隻のリバティ船の撃沈を打電しながら、自らもついにアメリカ海軍によって沈められた。この《U・シュネーヴィント》の撃沈に関しても、戦後ドイツ側からの照会に対して、アメリカ海軍ではなんら確認していないという回答を寄せており、ここにも、沖縄の大海戦が、いかに乱戦であったかがしのばれるのである」

言うまでもなく文中の《マルコ・ポーロ一号》は、前々節・前節で紹介したU511のこと、「シュネーヴィント大尉」は、U511を日本に回航した、フリッツ・シュネーヴィント艦長のことである。この横川氏の文章は、U511と共に日本に来航した、シュネーヴィントの最期を物語っている。

ただ、大変に恐縮ながら……という話となるが、この文章には事実誤認が混じっている。

詳しくは後述するが、シュネーヴィント艦長の操ったUボート……横川氏の記述では《U・シュネーヴィント》……は沖縄沖に辿り着いておらず、Uボートに2隻のリバティ船が沈められた記録もない。横川氏はおそらく、戦中あるいは戦後のどこかで、そうした話を聞き、それを回顧録に反映したのだろう。

とはいえ、このエピソードには不思議な点がある。ドイツUボートが沖縄に出撃して沈んだという話は、海軍関係者の回想として他にも確認されるからだ。つまりはそうした噂が戦時中、あるいは戦後に広まったのではないかという想像が働く。

これはどういうことだろうか。極東で活動したUボートの活動について、具体的な話が（直接の関係者の回想以外で）伝わらない中で、どうして「沖縄沖のUボート」の話のみが広まったのだろうか。

今回はその謎の解明を目指し、《U・シュネーヴィント》こと、ドイツ海軍ⅨC／40型Uボート、U183の戦歴を追っていきたい。

U183の建造と初代艦長ハインリヒ・シェーファー大尉

ドイツ海軍ⅨC／40型Uボート、U183は1941年（昭和16年）5月、ブレーメンのヴェーザー造船所で建造された。

ⅨC／40型Uボートは、ドイツ海軍が大戦中に量産した遠距離向け大型Uボート、Ⅸ型の発展型の一つである。前型であるⅨC型と比べ、燃料タンクを拡大し、航続距離を400浬伸ばして1万3850浬とした。排水量は水上で1144トン／水中で1257トン。魚雷発射管は前部4門、後部2門、搭載魚雷は22本で、他に10・5cm単装砲1門、3・7cm対空砲1門、2cm対空砲1門を有する。

乗組員は48名(士官4名+下士官兵44名)。大戦中盤に163隻が発注されたが、1944年(昭和19年)以降は新鋭の水中高速型Uボートの建造が優先されたため、就役数は87隻となった。とはいえこの建造数は、合計で200隻以上が建造されたⅨ型シリーズの中でも最多であり、後述するドイツ海軍のインド洋作戦にも多数のⅨC/40型Uボートが、その発展型で大型化されたⅨD型とともに投入された。

なお、前述の《マルコ・ポーロ一号》こと、ドイツ海軍UボートのU511/日本海軍の呂500潜水艦はⅨC型であるが、これの後続として日本に譲渡された《マルコ・ポーロ二号》ことU1224/呂501はU183と同じⅨC/40型である。

U183は1942年(昭和17年)1月9日に進水、4月1日に完成した。初代艦長はハインリヒ・シェーファー少佐だった。

ハインリヒ・シェーファーは1907年(明治40年)1月30日、ブレーマーハーフェンのヴルスドルフに生まれた。

1935年(昭和10年)9月、シェーファーはドイツ海軍士官学校での教育を終えて少尉に任官。いくつかの部署を転々としながら昇進を重ね、1937年(昭和12年)10月に中尉に、1939年(昭和14年)10月に大尉に昇進した。

1942年4月1日、シェーファーはU183の艦長に着任した。Uボート乗組士官以外がUボート艦長になるのは極めて稀であるため、彼もU183に乗り込むまでは、他のUボートの乗組士官として経験を積んだと思われる。

シェーファーの人格的な面については、残念ながら記録を確認できなかった。しかし、この後にU183で幾度も出撃をこなして戦果を挙げ、さらに極東にまでU183を到達させたことを考えれば、彼もまた優秀なUボート指揮官の一人だったと言えるだろう。

U183はドイツ海軍への編入と同時に第4Uボート小艦隊に配属された。第4Uボート小艦隊はシュチェチンに司令部を置くUボートの訓練部隊である。

U183はここで基礎的な訓練を行った後、9月18日、キール軍港を出撃、北大西洋へ最初の戦闘哨戒に向かった。また、これに合わせて10月1日には、フランスのロリアンに司令部を置く第2Uボート小艦隊に編入されている。

大西洋での戦いとインド洋への遠征

U183が初出撃した1942年末の段階で、北大西洋はUボート部隊の主戦場だった。この時点においては、北大西洋は連合軍の対潜航空隊の警戒網が形成されておらず、Uボートは北大西洋特有の荒天を除けば、他の脅威に晒《さら》されることなく水上襲撃が行えた。

安全にUボートが運用できるということは、安全に複数のUボートが集結し、ドイツ海軍得意の「ウルフパック」（群狼《ぐんろう》戦術）……Uボートによる集団攻撃を実施できるということになる。北大西洋は北米とイギリスを往復する大規模船団が通航する海域でもあり、このためUボートの大集団と連合軍船団の衝突が幾度も生じることになった。

1942年10月、この北大西洋を進んでいたのはSC101船団だった。この船団は30隻以上の輸送船で構成され、ニューヨークを出発し、カナダのハリファックスを経てイギリスのリヴァプールに向かっていた。

ドイツ海軍はこれを迎撃すべく、20隻近くのUボートを北大西洋に展開していた。Uボート集団は「ルクス（オオヤマネコの意）」グループと呼ばれていた。

U183の記念すべき初出撃の舞台となった「ルクス」グループとSC101船団の戦いだが、結果はドイツ側の劣勢となった。ドイツ海軍はこの戦いでアメリカのタンカー「エッソ・ウィリアムズバーグ」とイギリスの商船「リフランド」を撃沈したが、代わりにU582とU619の2隻のUボートを失ったからだ。戦果はあったものの、一つの輸送船団を襲って2隻撃沈、Uボート2隻喪失はいかにも割に合わない。失われたUボート2隻はそれぞれカタリナ飛行艇とハドソン爆撃機の攻撃で沈められているため、経空脅威がUボート部隊の行動を制約していたことが窺える。

U183はUボート集団の東端に位置したが、残念ながら戦果を挙げられなかった。

続いてドイツ海軍は北大西洋のUボート群で「パンター（ヒョウ）」グループを編成、北大西洋を航行する複数の船団（SC103、ONS136、ON137）を襲った。この戦いでドイツ海軍は7隻の輸送船を沈め、1隻のUボート（U597）を失った。U183はこの戦いでは再び戦果を逃したものの、その後、ニューファンドランド沖まで進出し、12月3日、イギリス輸送船「エンパイア・ダブチック」を撃沈、初の白星を挙げた。そして1942年12月23日、新たな母港となるフランスのロリアンに戻った。

ドイツ海軍において、初出撃で戦果を挙げるUボートはそれほど多くはない。訓練を受けたとはいえ、初出撃ではどうしても乗組員の技量不足が目立つからだ。これを考えれば、U183は十分な技量と大いなる幸運を持ちあわせていたと言える。


U183の幸運はその後も続く。

1943年（昭和18年）1月30日、U183は約1カ月の休息を経てロリアンを出撃した。今度の目的地はカリブ海である。この時期、北大西洋は敵の警戒が強化され、Uボート部隊の主戦場は中部大西洋に移行していた。その一環として、警戒の薄いカリブ海にUボートを送り、戦果を得ようという作戦である。

出撃直後の2月3日、U183はスペイン北方に展開するUボート集団、「ハルテルツ」グループに参加した。Uボート参加数はU183を含めて10隻。しかしこのUボート集団による戦果はなかった。

U183は大西洋を西進し、2月末にカリブ海の西インド諸島に到達。3月1日にはキューバ島とイスパニョーラ島の間にあるウィンドワード海峡を通過し、メキシコのユカタン半島沖に進出して、標的を探し回った。

果たして3月13日、U183はホンジュラス船籍の輸送船「オランチョ」をキューバ島西方の海上で発見した。U183は魚雷でこれを撃沈、2隻目の戦果を得た。

その後、U183はなおも哨戒を続けたが、燃料が不足したためにカリブ海から離脱、大西洋アゾレス諸島の南方でU117から燃料の補給を受けつつ、5月3日にロリアンに帰還した。2月3日の出撃から実に3カ月にもわたる長期航海だった。

2カ月の休息を経た後の7月、U183に新たな任務が与えられる。なんと、今度は極東向けのUボート集団、「モンスーン」グループの1隻として、インド洋での通商破壊戦を命じられたのだった。

U183がカリブ海への遠征と休息を行っていた1943年半ば、中部大西洋ではUボートと連合軍輸送船団の戦いが最高潮に達し、Uボートは多くの戦果を得ていたものの、連合軍の船団護衛が強化されたことにより被害も甚大であり、ドイツ海軍総司令官カール・デーニッツ大将はUボート主力を中部大西洋に引き続き配置しつつ、その一部を南大西洋やインド洋などの敵の警戒の薄い地域に派遣し、戦果の拡大を狙っていた。その第一陣に、U183は選ばれたのである。

7月3日、U183はロリアンを出撃。大西洋を南下してインド洋に向かった。最終目的地は、日本海軍がドイツ海軍にUボート基地として提供したマレー半島西方のペナン島である。

途中、U183を含めた「モンスーン」グループは危機的状況に陥った。「モンスーン」グループに補給を行う予定だったUボートが連続して撃沈され、一時的に大西洋で立ち往生することになってしまったのだ。

ドイツ海軍は一部の「モンスーン」グループのUボートを補給潜水艦代わりにしてその後に本土に帰還させるという手でどうにか補給を成功させ、U183を含めた5隻のUボートをインド洋に送り込むことに成功した。本来の「モンスーン」グループのUボートは11隻であり、半分以上のUボートが脱落したことになる。

その後、U183は順調に航海を進め、9月11日から13日の間にモーリシャス諸島南方でドイツ海軍の輸送船「シャルロッテ・シュリーマン」からの補給を受けることに成功、9月半ばからインド洋での通商破壊戦を開始した。U183の担当海域はインド洋西方のセーシェル諸島と東アフリカ沿岸部である。

この作戦でU183は残念ながら成果を得られなかったが、1943年10月30日、無事に目的地のペナン沖へと到着、僚艦のU188、U532と共にペナンのジョージタウンに入港した。

出撃から約4カ月、前回のカリブ海を上回る長期航海となった。

なお、U183のインド洋での作戦について、極東におけるUボートの活躍をまとめた書籍、ローレンス・パターソン『Hitler's Grey Wolves U-Boats in the Indian Ocean』(Greenhill Books/Lionel Leventhal、2004年)では、以下のようなエピソードを紹介している。

「この間、U183の魚雷は欠陥を露わにし、標的を完全に見失ったり、不発・早発を起こしたりして、シェーファーによって行われた攻撃を台無しにしてしまった。また、シェーファーに加えられたさらなる侮辱として、ドイツ海軍潜水艦隊の司令部は、U183が送った、荒天下の独航貨物船の追跡失敗に関する長々とした無線報告を『不必要、不正確な送信である』と見なして、シェーファーを叱責した。さらにいえば、U183を含めた3隻のUボートのバッテリーは激しく消耗し、ディーゼルエンジンも同様で、徹底的なオーバーホールが必要な状態だった」

「モンバサ(東アフリカ、ケニア植民地の都市名)沖を航行中、シェーファーは2隻の小型巡視船と駆逐艦しか目撃せず、シェーファーは早期にペナンに向かい、Uボートの修理や兵装の補充、兵員の休息を求めた。ドイツ潜水艦隊司令部はこれを黙認したものの、シェーファーがインド洋を『高速』横断中、敵と遭遇した場合は攻撃的な行動を取るよう促した。しかし、彼の精神状態は悪化しており、10月8日、ドイツ潜水艦隊司令部は彼をペナン到着と同時に交代させる決定を下した」

「ペナンのジョージタウンに到着した時、乗組員たちには熱帯性の発疹と皮膚感染症が流行しており、現地のドイツ海軍部隊の助けを必要としていた。シェーファーの心も荒《すさ》み切っていた」

どうやらインド洋でU183は、過酷な経験をしたようだ。そしてこの結果が、U183にさらなる転機を与えることになる。

ペナン到着と二代目艦長フリッツ・シュネーヴィント大尉

シェーファーは不運な艦長だったと言える。「モンスーン」グループで、生きてペナンに辿り着いたUボート4隻の中で、戦果がなかったのはシェーファーのU183だけだった。魚雷の不調のせいとはいえ、彼のプライドを大きく傷つけたことは想像に難くない。

また当時、ドイツ海軍は大西洋における通商破壊戦でのUボートの大損害と急激な戦果の減少に気を揉《も》んでおり、その影響でインド洋での戦果に過度な期待を掛けていたと考えられる。このため、全く成果を得られないU183に上層部が不満を露わにしたのかも知れない。シェーファーはこの重圧に耐えかね、精神を病み、艦を降りることになってしまった。そして、シェーファーに降りかかった真の不幸は、その後の出来事だった。

11月10日、ペナンでの休養を終えたU183はシンガポールに向かうべく、マラッカ海峡を南下、11日にシンガポールに到着した。ペナンには小規模な設備しかなく、シェーファーの望む大規模なオーバーホールはシンガポールでなければ不可能だった。

シンガポールに到着後、シェーファーはU183の艦長の任を解かれた。おそらくその後、純粋な休養に時間が充てられたことだろう。シンガポールは今も昔も風光明媚《めいび》なリゾート地で、心身の疲れを癒すのに最適な場所だ。

1943年12月6日、心の傷が癒えたシェーファーは新たにUIT23の艦長となった。UIT23は元イタリア海軍の潜水艦「レジナルド・ジュリアーニ」で、同年8月1日にヨーロッパから日本への物資輸送の任務を得てシンガポールに到着していたが、その後のイタリア降伏（9月8日）により日本軍が接収、ドイツ海軍に引き渡され、ドイツUボートのＵＩＴ23として再就役していた。

シンガポールでの着任後、シェーファーはＵＩＴ23の乗組員たちとともに訓練に励んだと思われる。

ＵＩＴ23の次なる任務はヨーロッパへの帰還であり、再び長期航海に乗り出す予定だった。ＵＩＴ23の武装は「レジナルド・ジュリアーニ」時代の輸送潜水艦への改装時に撤去されており、本格的な攻撃は行わない。

しかし、シェーファーがＵＩＴ23に関わった時間はそれほど多くなかった。

シェーファーは酷い虫垂炎と腸チフスに罹《かか》り、治療のため12月28日、日本本土の神奈川県湘南の病院に収容された。そして１９４４年1月7日、この二つの病気による循環器系の衰弱により、同地にて死亡したという。

極東において戦闘や病気が原因で死亡したUボート艦長は何人もいるが、日本本土で亡くなったUボート艦長というのは、ハインリヒ・シェーファーのみではないだろうか。

シンガポール到着後、シェーファーに代わってＵ１８３の指揮を執ることになったのは、元Ｕ５１１艦長のフリッツ・シュネーヴィント大尉だった。彼の着任は１９４３年11月20日と言われている。

シュネーヴィントについては前々節・前節で詳しく記してあるため、ここでは言及を避ける。ただ、不幸なシェーファーの代わりに、Ｕ５１１を日本に送り届けた英雄的な艦長が赴任したことは、Ｕ１８３乗組員にとって大きな士気高揚の効果があったのではないだろうか。また、前節で触れた通り、数名の元Ｕ５１１乗組員が、Ｕ１８３に転属になったと考えられる。

シンガポールで新艦長の着任、そして休暇と補修を終えたＵ１８３は、年明けの１９４４年1月、ペナンに戻り、次期作戦に備えた。

Ｕ１８３、インド洋での戦い

１９４４年2月10日、新たな艦長シュネーヴィントの下、U183はインド洋へ出撃した。目的はヨーロッパへの帰還である。

インド洋での戦闘を命じられた「モンスーン」グループが早くも帰還を命じられる……というのは一見すると奇異だが、これにはインド洋でのドイツ海軍の整備能力の限界があった。

この時点でドイツ海軍が東南アジアに持つ拠点は事実上シンガポールとペナンしかなく、より後方のバタヴィアとスラバヤはいまだに受け入れ準備が整っていなかった。そして、最前線のペナンには5隻程度のUボートしか収容できなかった。これではUボートが何隻あっても効果的な運用は難しい。後続のUボートを収容する余力を与えるためにも、「モンスーン」グループは早期にインド洋から抜け出さなくてはならなかった。

この時点でU183がどれほどの資源を船内に積み込んだかについては、極東でのUボートの活動を紹介する書籍、ジャク・P・モールマン・ショウェル『U-boats of the Second World War: Their Longest Voyages』(Fonthill Media、2014年)に一覧が記されており、

・ゴム:94・84トン
・タングステン:21トン
・アヘン:102トン
・キニーネ:250kg
・亜鉛、ウォルフラム鉱石、ビタミン濃縮剤

以上が挙げられている。いずれも、ドイツ本土では希少な資源である。

なお、タングステンとウォルフラムは同一の意味を持つが、本書にはタングステンとウォルフラム鉱石が別に記されており、前者は鉱石から精錬されたタングステンそのもの、後者は精製前の鉱石(岩石)を指すと思われる。また、アヘンが「102トン」というのはあまりに多すぎるため、何かしらの誤記、例えば10・2トンや1・02トンの間違いかも知れない。

しかし、この作戦は未遂に終わった。途中、インド洋でこれらのUボートの支援を行う2隻の輸送船(「シャルロッテ・シュリーマン」および「ブラーケ」)が連合軍に撃沈されてしまい、ヨーロッパへの帰還が

困難になったからだ。

　U183はインド洋に留まって通商破壊戦を実施。2月29日、セイロン島コロンボ港の目前でイギリスの輸送船「パルマ」を撃沈、続いて3月9日には、モルディブのアッドゥ環礁沖で洋上貯蔵庫となっていたイギリスの輸送船「ブリティッシュ・ロイヤリティ」を雷撃により大破着底させた。

　後者の輸送船は、実は太平洋戦争初頭の1942年5月に、日本海軍の潜水艦隊が行った小型潜水艦・甲標的によるマダガスカル島ディエゴ・スアレス攻撃の際、戦艦「ラミリーズ」が損傷するのと同時に撃沈された輸送船であり、その後、引き揚げられ、アッドゥ環礁で洋上貯蔵庫とされていたのだった。

　日独の潜水艦に攻撃されて大損害を被るという稀有かつ不幸な経歴を辿った「ブリティッシュ・ロイヤリティ」だったが、U183の魚雷でも沈まず、その後に応急修理を受け、再び泊地に浮かぶ物資貯蔵庫として再利用され、商船として修復されることなく1946年（昭和21年）1月に自沈処分された。U183は撃沈を逃したわけだが、それでもドイツ側にとっては意味のある戦果だった。

　ヨーロッパ帰還に失敗したとはいえ、わずかな期間に2隻の輸送船を撃沈破したシュネーヴィントの手際は鮮やかという他ない。1944年3月21日、U183はペナンに寄港した。

　1カ月以上の休息を経た5月3日、U183は再びペナンを出撃した。しかし、機械的な不調から5日にペナンに戻った。

　5月17日、U183は3度目のペナン出撃を果たした。シュネーヴィントはⅨC／40型の能力では独力でのヨーロッパ帰還は不可能と考えており、今のところはインド洋での通商破壊戦を継続するべきと見ていたようだ。

　この出撃でU183はセイロン島沖やアッドゥ環礁、チャゴス諸島を哨戒、6月5日にアッドゥ環礁の南東で単独航行していたイギリス輸送船「ヘレン・モーラー」を発見し、魚雷でこれを撃沈した。7月7日、U183はペナンに帰還した。

この間、シュネーヴィントは主にインド洋の天候に由来するＵ１８３の機械的トラブルに大いに悩まされていたようだ。ヨーロッパへの帰還が困難と判断していたのは、燃料の問題のみならず、Ｕ１８３の機械的なトラブルの多さも原因となっていただろう。

ペナンに帰還した時点で、Ｕ１８３の機材、特にバッテリーが限界を迎えていた。バッテリーはUボートの長期航行に不可欠であり、これを取り替えなければ、ヨーロッパ帰還は夢のまた夢となる。

この問題を解決するべく、ペナン島での休暇を挟み１９４４年10月、Ｕ１８３はペナンから4度目の出撃を果たした。今度はインド洋ではなくマラッカ海峡に向かう。

遥か彼方の日本本土にまで赴き、バッテリーを交換するためである。

U183、日本へ！ 日本海軍予備士官が見たU183

当時、神戸の川崎造船所には、ドイツ海軍の修理施設があった。シュネーヴィントがＵ１８３で機材の不調に苦しみながらインド洋での作戦を行っていた頃、極東のドイツ海軍司令部もこれを解決すべく、その神戸の修理施設でドイツUボート向けのバッテリーの製造修理を行えるよう設備を整えていたのだった。

Ｕ１８３がシンガポールを発《た》った１９４４年10月の時点で、すでに神戸には4隻のUボートが到着し、バッテリーの交換や船体の改造を行っていた。すなわち、UIT24とUIT25（共に6月着）、Ｕ５１０（7月着）、Ｕ５３２（9月着）である。Ｕ１８３を含めたこの５隻と、日本海軍に譲渡されたＵ５１１が、戦時中の日本本土に来訪したUボートのすべてになる。

この4隻の日本到来後の動向については、幸いにして全艦が健在のまま終戦を迎え、乗組員たちのほとんども祖国に帰還したことを、Ｕ１８３との対比として記しておく。

Ｕ１８３のシンガポールから日本への回航については、驚くべきことに、日本人の視線からの詳細な記録が、『太平洋情報戦記　海軍特信班　第一期海軍兵科予備学生の記録』（海軍七洋会、１９８３年）という書籍に残されている。

１９４４年8月下旬、軍令部特務班に勤務していた日本海軍の小川新一中尉は、上官の小沢英夫中佐（海兵52期）から驚くべき命令を受けた。

なんと、神戸に停泊しているUボート、ＵＩＴ24に連絡将校として乗り込み、日本との通信の補助を行えというものだった。小川中尉は東京外語大出身の第一期兵科予備学生（特信専修）で、言うなれば通信と外国語の専門家だった。

元イタリア海軍のドイツUボートに乗り込む。この不思議な任務に興味を持った小川中尉は勇躍神戸に向かい、ＵＩＴ24に乗り込んで共にシンガポールを目指した。

ＵＩＴ24での小川の仕事は、東京通信隊から送られる暗号の対潜情報を暗号書で翻訳し、その中からＵＩＴ24に関係のある情報をピックアップして艦長に報告するだけだった。そのため、大したトラブルも起こらず、ＵＩＴ24は2週間後、無事にシンガポールに到着。小川もＵＩＴ24を降りた。

１カ月後、シンガポールにいた小川に再びUボートへの乗り込みが命じられた。今度は生粋のドイツUボート、シュネーヴィント率いるＵ１８３である。

シュネーヴィントの容姿は、小川に好印象を与えたようだ。小川は彼について「長身で、寡黙で、笑うとやさしいその風貌を、決して忘れないだろう」と回想している。

実際にＵ１８３に乗り込んでみると、小川にとってＵ１８３は未知の技術の塊だった。潜水艦の性能は日本海軍のそれに比べて全般に勝り、特に急速潜航の速度は抜群だった。ＵＩＴ24と比べても、エンジンの静かさと空冷装置の性能は抜群に良かった。乗組員たちの士気も高く、また、規律も厳格に守られていた。艦長のデスクの前には、ドイツ第三帝国総統アドルフ・ヒトラーの写真とデーニッツ海軍総司令官の肖像があった。小川は「まさに生粋のUボートだった」と書き残している。このヒトラーの写真については、現在残されているＵ１８３の艦長室におけるシェーファーの写真に、壁にかけられたヒトラーの写真が写り込んでおり、まさにそれかも知れない。

とはいえ、Ｕ１８３での連絡将校勤務は、ＵＩＴ24と同様の調子ではいかなかった。

まず、連絡将校として最も重要な、暗号の解読ができなかった。なんと、彼がシンガポールにいる1カ月の間に、日本海軍の暗号が切り替わり、暗号書が役に立たなくなってしまったのだ。シュネーヴィントは航海の中で、しきりに彼に情報がないかと尋ねたが、小川は「訳せない」と答えるしかなかった。シュネーヴィントには、小川はおそらく頼りない連絡将校として映っただろう。小川は身の縮む思いの毎日だった。

さらに重大な危機にも遭遇した。台湾沖を航行していた10月下旬、日本海軍の海防艦に遭遇、海防艦から攻撃を受けそうになったのだ。Ｕ１８３は協定に従って発光信号でドイツ海軍である旨を送ったが、海防艦側はこれを理解しなかった。やむなく小川は、ドイツ人から渡された手旗信号で通信を行い、ようやく誤解を解くに至った。その後、小川は海防艦乗組員の少尉から「もう少しで撃つところでしたよ」と伝えられ、これをシュネーヴィントに訳すと、苦笑いしていたという。

小川氏はこの出来事について、「手旗信号を『実戦』に供した同期の桜がいたら、教えてもらいたい！」と回想している。

危うい危機を乗り越えたＵ１８３は東シナ海を無事に通り抜け、関門海峡から瀬戸内海に入った。その時は月夜で、文字通り油を流したような水面の上を、Ｕ１８３は滑るように進んだ。明け方、Ｕ１８３は神戸の桟橋に横付けした。日付は１９４４年10月29日（一部資料では30日）だった。

この間、Ｕ１８３が通過したフィリピン沖では、日米戦の天王山となるレイテ沖海戦が生起し、無数の海空戦が生じていた。そのような戦場を通過しなければいけなかった辺り、Ｕ１８３とそれに乗り込んだ小川の苦労が偲《しの》ばれる。

なお、10月下旬にＵ１８３が台湾沖で遭遇した海防艦が何なのか、著者には残念ながら特定できなかった。前述の通り、この時期はレイテ沖海戦の只中、そして来るべきフィリピンでの地上戦に向けて大量の船団がフィリピンに送り込まれていた時期で、それに合わせて多数の海防艦が船団護衛や対潜掃討任務などで台湾周辺を航行していた。一応、個々の海防艦の乗組員の回想でも探しているが、今のところ、それらしい記述を見つけていない。

筆者の見立てで可能性を感じているのは、10月下旬の時点でバシー海峡で対潜掃討任務に就いていた海防艦「三宅《みやけ》」と「笠戸《かさど》」、「干珠《かんじゅ》」である。これらの海防艦は10月下旬、第21海防隊として台湾近海での対潜掃討任務に従事しており、いずれかがU183と遭遇した可能性がある。

小川の回想でも、海防艦が船団と共に行動していたという記述はなく、単艦でU183と遭遇したのであれば、それは対潜掃討任務中の海防艦ではないかという想像が働く。

それにしても、前々節で紹介したU511とヒ03船団との遭遇戦未遂を含めると、シュネーヴィントは2度も日本海軍に「誤認」で攻撃を受けそうになっているわけで、いかに太平洋をUボートが航行することが危険だったかを物語っている。

なお、もしかするとU183は神戸に入港する前に呉に立ち寄ったかも知れない。吉田信二『空母龍鳳《りゅうほう》の航跡』（私家本、1980年）には、1944年秋頃、呉にUボートが入港する光景を、当時呉に停泊していた空母「龍鳳」の乗組員たちが目撃したというエピソードが記載されている。

これによると、Uボートの入港中、ドイツの乗組員は呉水交社の一隅に宿泊して歓待されたが、外部との接触は制限され、日本側にも公務以外での面会などを一切禁止するなどの通達がなされたこと、数日後にUボートが呉軍港を出港した際、日本海軍側は呉在泊艦艇総出でこれを見送ったが、日本側は乗組員たちがばらばらのタイミングで帽子を振って別れの挨拶をしたのに対し、ドイツ側の乗組員たちは制服姿でUボートの甲板に並び、上下左右が横一文字に全員揃って、同じタイミングで帽子を振って日本側に別れの挨拶を行ったことなどが、印象的な出来事として記されている。

残念ながら、このUボートの正体がU183だという確証はない。1944年秋の段階では、他に複数のUボート（U510、U532、UIT24、UIT25）が瀬戸内海に出入りしているからだ。ただ、この時期はちょうどU183が神戸を目指して瀬戸内海に進入した時期であり、日本海軍への礼儀としてU183が神戸に向かう前に日本海軍の本拠地である呉に立ち寄ったという流れが自然に思えるため、少なくとも候補の一つには挙がると思われる。

神戸でのU183

神戸に到着した後、U183はバッテリー交換のための長い修理に入った。

この間、乗組員たちは日本海軍の歓待を受け、日本各地を巡ったようだ。残念ながらその記録は残されていないが、他のUボートの例から考えると、大阪や奈良、箱根、東京などを観光として巡ったと思われる。また、神戸での宿泊地はトアホテルだったことが、UIT24の乗組員の回想に記されている。

この時点で、神戸にはUIT25とU532が停泊していた。このうち、神戸におけるU532を捉えた写真には、その背後にⅨC／40型Uボートらしきものが映っている。これがU183なら、U532とU183は共に揃って神戸に停泊していたことになるだろう。また、UIT25には元U511の乗組員が十数名含まれており、シュネーヴィントはかつての仲間たちと再会を果たしたのかも知れない。東京に向かった際には、家族との再会もあったかも知れない。

なお、U532と同時期に神戸に停泊していたUボートとしてはU510があり、同艦は神戸で艤装《ぎそう》中だった日本海軍の潜水艦、伊14と交流があったことが残された写真によって明らかとなっている。U183でも、同様に日独の潜水艦乗組員同士の交流が神戸であったかも知れない。

シュネーヴィントについては、余談としてこの時期、当時の極東のドイツ海軍部隊指揮官、パウル・ヴェネッカー大将の娘のユッタ・ヴェネッカーと交際していたことが、当時、ユッタとともに軽井沢に疎開していたドイツ人女性の回想に記されている。

さすが、若手Uボート乗組員のホープ……と思うところだが、自分が所属する部隊（極東のUボート部隊）の司令官の娘と付き合う辺り、できすぎた話の感もある。

シュネーヴィントにとっては、この極東でのU183の戦いは、日本にいる家族を守るためだけでなく、日本で彼の帰りを待つ恋人を守るための戦いでもあったのかもしれない。

U183のバッテリー修理については、当時艦政本部第三部の担当部員だった岩野直美氏が『海軍回顧録』（昭三会、1970年）に回想を残している。

これによると、バッテリーを含めたU183の修理やその補給品の提供は艦政本部の所掌とされ、1カ月ほど前から通知されていたという。神戸に来航するドイツUボートのバッテリー容量が減少し、現状では極東での作戦行動はおろか、ドイツへの帰還も果たせないことが、日本側でも把握されていた。

だが、このバッテリー修理は難題でもあった。簡単に言うと、当時の日本海軍の潜水艦とドイツのUボートではバッテリー用の極板（電極に用いられる導体板）の寸法が異なり、日本側のものをそのまま流用できないのだ。従って正攻法を採るのであれば、Uボート用の極板を作るための金型を至急作らなければならないが、それでは期日に間に合わない。ドイツ海軍は同盟国軍であり、一刻も早い手配が望まれる。そこで岩野氏は日本海軍のバッテリーの極板金型のうち、現在では使用していない旧型の金型からUボートの規格に合うものを探し出して製造することにした。幸い、東京の湯浅蓄電池製造株式会社に合致する不要の金型があることが判明し、これを手直ししたものが製造された。結果、バッテリーの納品は期日に間に合い、ドイツ側から非常に感謝されたという。

神戸におけるドイツUボートの動向の情報は極め

て少なく、日本本土における日独協同作戦の実例として、この回想は貴重なものだと思われる。

U183はそのまま日本で年を越し、1945年(昭和20年)の元旦を迎えた。すでにU532は神戸から出撃しており、戦時中、日本に来航したUボートで日本の正月を過ごしたのはU183とUIT25の2隻だけである。彼らに日本の新年はどう映ったのだろうか。

また、さらなる余談として、岐阜の寒天業者組合が編んだ『岐阜寒天の五十年史』(岐阜県寒天協会、1975年)に、1945年初め、ドイツUボートの乗組員が岐阜の寒天農家を訪れ、大量の岐阜寒天を積んでいったこと、現地では新兵器の燃料の原料になるという噂も流れたという記述がある。

前述のように、この時点で日本本土に滞在しているUボートはU183とUIT25だけで、このうち外洋に出航する目途が立っていたのはU183だけである。となると、この岐阜寒天を入手したドイツUボートの乗組員は、U183の乗組員たちだった可能性が高い。

なぜ、彼らは寒天を大量に欲したのだろうか。

これについては、寒天には様々な用途があるため明言はできないが、少なくとも戦前、日本の寒天は細菌などの培養に世界全国で使われていたものの、太平洋戦争で東南アジアからヨーロッパへの寒天輸出が途切れ、一時的に世界中で寒天不足が生じたという経緯があり、おそらくはそうした化学的な用途に使う予定だったと思われる。日本にとってはなんということもない食品でも、当時のドイツからすれば貴重な資源だったのかも知れない。

1945年2月22日、シュネーヴィント率いるU183は神戸を出航、次なる目的地のバタヴィアに向かった。

かつての拠点のペナンはこの時期、すでに敵の空襲目標となっており、Uボートの基地としては機能しなくなっていた。ドイツ海軍は極東のUボート部隊を蘭印(オランダ領東インド)のスラバヤやバタヴィアに後退させ、現地での自活やドイツへの帰還を図ろうとしていた。後者のうち、U532とU510はこれに成功し、無事にドイツ支配下の領内あるいは北海で終戦を迎えている。

3月9日、U183はバタヴィアに到着した。マリアナ諸島に展開したB-29の大編隊による東京への夜間無差別爆撃、いわゆる東京大空襲の第一撃が行われるのはこの翌日であった。そして、ドイツ降伏までに残された日数も、わずか2カ月あまりとなっていた……。

U183の終焉 最初で最後の「太平洋での日独協同作戦」

1945年3月の段階で、太平洋、そしてヨーロッパの戦況は決定的となっていた。すでにドイツ本土には連合軍が侵攻し、ベルリン陥落は時間の問題だった。日本付近でも沖縄戦が間近に迫っていた。

4月21日の夕暮れ時、バタヴィアでの休息と整備を終えたU183は同港を出航した。目的はフィリピン近海。U183は太平洋における通商破壊戦に従事することになったのだ。

これはドイツ海軍史上において画期的な出来事だった。これまでドイツ海軍はインド洋や東南アジア、オーストラリア近海での作戦を行ってきたが、いずれもそれは「大西洋に向けられる戦力を太平洋に吸引し、ドイツ本土の防衛に貢献する」ための作戦で、いわば陽動の意味合いが強かったからだ。つまりは日本のためではなく、ドイツのための戦争となる。

しかし、このU183の出撃は、ドイツ海軍がフィリピン近海でいくら戦果を挙げたところで、ヨーロッパ方面の兵力の太平洋転用には繋がりにくいことを考えれば、日本軍への支援に重点が置かれたものと言える。

1945年1月、駐独海軍武官だった阿部勝雄中将(海兵40期)は、Uボートによる北緯5度以南の太平洋での作戦実施についてデーニッツと合意し、これに関して東京と連絡を交わしたとされる。

この時期、デーニッツはUボートの帰還を第一に考えており、実際に極東の複数のUボートがヨーロッパへの帰還を目指している。しかし、極東のドイツ海軍部隊や日本海軍の意向を考慮して、この作戦を受け入れたようだ。

なお、この出撃時のU183には艦橋の両舷に旭日旗が描かれていたという逸話がある。これまでと同じように日本側による誤認を防ぐためと思われるが、U183の状況を考えると、何とも象徴的なエピソードである。

果たして艦長のシュネーヴィントは、この出撃に何を思ったのだろうか。ドイツのことか、日本に残してきた家族のことか、あるいは……。

それは、永遠に解けない謎となった。

出撃から2日目の4月23日の昼、ジャワ海のスラバヤ北方海上を航行していたU183に突如として災厄が降りかかった。

同海を哨戒していたアメリカ海軍の潜水艦「ベスゴ」（バラオ級）に発見され、魚雷攻撃を受けたのだった。同艦はこれまでに第151号輸送艦や第144号海防艦、第12号掃海艇、油槽船「日栄丸」を撃沈、第132号海防艦や油槽船「さらわく丸」を撃破した歴戦の潜水艦だった。

「ベスゴ」は4月23日の13時50分にU183をジャワ海のバウェアン島北方で発見。水中から接近を開始した。この時、U183は見張り員による入念な見張りを行いながら水上航行中。ただ、乗組員は水中ではなく、むしろ水上の脅威を気にしていたようだ。このためか、U183は「ベスゴ」の接近に気づけなかった。

悠々と水上を進むU183を観察していた「ベスゴ」は、同艦がドイツ海軍のUボートであることを確認（日の丸に引っ掛からなかった！）。14時40分、扇状に6本の魚雷を発射した。

U183は不幸にも命中まで魚雷の接近を把握できなかった。「ベスゴ」の魚雷は1本がU183に命中。直後、U183に大爆発が発生し、巨大な爆炎が生じた。

この時、U183の艦上では、カール・ヴィスニェフスキ上級曹長が見張りを行っていた。爆発と同時にU183は急速に沈みはじめ、数秒のうちに海中に姿を消した。再び海面に浮上できたのはヴィスニェフスキ一人だけだった。海面には油が大量に浮き上がっていた。彼は他の仲間が水中から浮かび上がってくるのを待ったが、誰も浮かび上がってこなかった。そのうち、U183を攻撃した潜水艦「ベスゴ」が浮上、ヴィスニェフスキを救出した。彼は左の太ももや鎖骨、肋骨などを骨折していた。「ベスゴ」はさらに他の乗組員を捜索したが、やはり誰も洋上にはおらず、その後、同海域を離脱した。U183の生き残りは一人だけだったのだ。

おそらくU183は、魚雷で大打撃を受け、急速な浸水で艦内の誰もが脱出できないまま沈むことになったのだろう。水上の見張り員たちも、魚雷の命中の衝撃で重傷を負うか艦の沈没に巻き込まれ、浮き上がることができなかったと思われる。この沈没で50名以上の乗組員が戦死した。

かくしてU183は沈没し、太平洋における最初で最後の本格的な日独洋上作戦は失敗に終わった。この時点でアジアには6隻のUボート（U181、U862、U219、U195、UIT24、UIT25）があったが、いずれも整備中で出撃不能、あるいは輸送潜水艦であるがゆえに出撃の意味がない潜水艦ばかりであり、もはやアジアのドイツ海軍は攻撃的な作戦が不可能な状況にあった。U183の出撃は、結果的にその最後の試みとなってしまった。

そして、この約2週間後の5月8日、ドイツは連合軍に降伏。これらの6隻のUボートはすべて日本海軍に接収された。

U183の唯一の生き残りとなったカール・ヴィスニェフスキは、捕虜となって米軍による尋問を受けた後、翌1946年1月8日にドイツに帰還したという。

そして伝説が生まれた……

U183の沈没は、日本本土のドイツ人たちに素早く伝わったようだ。

その出来事に大きなショックを受けた人物の中に、艦長シュネーヴィントの恋人、ユッタ・ヴェネッカーがいる。

　恋人の死は彼女を嘆かせたようだ。彼女の友人の女性は日記にこう書いている。

「フリッツの乗っていたUボートの沈没は、シュネーヴィント家とユッタにとってとても大きな災厄です」（著者注：この日記の作者の女性は、当時日本にいたシュネーヴィントの妹であるインゲ・シュネーヴィントの学友でもあった。日本のドイツ人社会は狭い！）

「フリッツが戻ってくることは期待できません。ユッタの未来はどこに行ってしまったのでしょうか？」

　おそらく、シュネーヴィントの死は、インゲ・シュネーヴィントを含んだその家族にも伝わり、悲しみが広がったことだろう。

　ドイツから日本へのU511の回航を成功させ、またその後はU183の艦長として活躍し、日本人とも深く交流したフリッツ・シュネーヴィントの存在は、日本海軍の将兵たちの記憶に深く刻まれた。

　戦後の長い間、極東におけるドイツ海軍Uボートの動向は、テーマのマイナーさ、資料の少なさゆえに、主にその当事者たちから断片的なエピソードとして表に出ることになった。冒頭に記した「U183が沖縄戦に参加した」という伝説も、そうした情報の錯綜《さくそう》の中で生み出されたと思われる。

　とはいえ、U183が最後の出撃を果たした当時の状況を考えれば、そうした噂が広まったのも無理はないのかも知れない。

　第一に、当時は日米最後の決戦となった沖縄の戦いが進行していた。沖縄島では日米の地上部隊が民間人を巻き込んだ死闘を展開し、日本本土からは多数の特攻機が沖縄に出撃、戦艦「大和《やまと》」をはじめとする海軍の残存艦艇も水上特攻に出撃した。そんなタイミングでドイツ海軍のUボートが蘭印から米軍攻撃のために出撃し、その沈没が伝わったとすれば、この話が「Uボートが日本救援のために米艦艇が群れる沖縄に向い、激戦の末に沈没した」という噂に変化しても不思議ではない。

　第二に、日本本土に家族を、そして恋人さえも残していたシュネーヴィントの境遇に対する日本海軍軍人たちの同情も、その噂の発生に影響していたのかも知れない。

シュネーヴィントが何を考えて最後の出撃に挑んだのかは分からないが、我々日本人の目からすれば、彼は日本の家族を守るために、図らずも祖国ドイツではなく日本のために戦うことになったように見えるからだ。そして、彼がU511の回航とU183の運用を通じて、日本人の前で見せた指揮官としての有能さ、人柄の良さへの好印象が、「沖縄で米軍と決闘を演じた」という、実に勇壮な……日本人からすれば、称賛するべき最後の戦いぶりを示したという噂話に繋がったように思える。

なお、U183が出撃後、具体的にどの海域を主戦場にする予定だったかについては、ごくわずかであるが情報が存在するようだ。

米海軍歴史センター（Naval History and Heritage Command）公式HPに掲載された、戦時中の米軍による極東のドイツUボートについての無線傍受情報によると、U183は3月初めの段階で南西太平洋での攻撃作戦に参加する予定であり、4月21日の出撃時には、北ニューギニアとモロタイ島の間での攻撃作戦を実施する予定だったという。この海域は、まさに日独が合意に達したという太平洋の「北緯5度以南」に当たる。

この無線傍受情報はかなり高い精度で太平洋におけるUボートの動向を捉えており、U183の動向を調査する上で信頼が置けると考えられる。逆を言えば、それだけ日独海軍の交信が米軍に筒抜けだったことを意味しており、米潜「ベスゴ」によるU183の待ち伏せの成功もこの精度の高い傍受情報のおかげと思われる。

U183の沈没場所も、この米軍由来の情報の補強材料となる。U183が撃沈されたのはジャワ島スラバヤの北方で、出発地のバタヴィアから東に向かっていた。おそらくU183はジャワ海からセレベス海を抜け、フィリピンの南方海域に向かおうとしていたと考えられる。

終戦直後、ドイツ海軍はU183に（U183の喪失に気づかないまま）「ミンダナオ島に向かい、そこで降伏するべし」と電文を発したとされ、実際にミンダナオ島の米軍艦艇がU183とのランデブーポイントに向かったという。つまり、終戦時にドイツ海軍が想定していたU183の現在位置から向かいやすい米軍拠点がミンダナオ島であり、U183がその近海での作戦を出撃まで計画していたことを示唆している。

以上の推論が正しければ、残念ながらU183と沖縄戦の間には直接の関わりはなかったようだ。

とはいえ、もしもU183がフィリピン南方で戦果を挙げていれば、沖縄を主戦場としていた日本軍にとってわずかなりとも側面支援になったかも知れない。

シュネーヴィントと共に日本に来航したU511／呂500は、日本の戦後復興に繋がる数々の貢献を残すとともに、シュネーヴィントとU183にまつわる象徴的な「伝説」を残したと言えるだろう。

戦後、シュネーヴィント家はドイツに戻った。

太平洋戦争を生き残り、神戸で終戦を迎えた旧イタリア潜水艦、UIT25（日本海軍名称：伊504）にはシュネーヴィントの弟、ホルスト・シュネーヴィントが乗っていた。彼も戦後ドイツへ戻り、そこで残りの人生を過ごした。妹のインゲ・シュネーヴィントも同じだっただろう。

シュネーヴィントの恋人だったユッタ・ヴェネッカーは、戦後すぐ、英連邦空軍に所属したニュージーランド人、ハロルド・ジェームズ・エヴァンズと恋に落ち、1947年（昭和22年）に結婚した。当時、現地のマスコミは「ナチの提督の娘と空軍将校が婚約!?」とゴシップ記事を書き立てたが、二人の愛はそれに揺るがされることはなかったようだ。

ハロルドとユッタはニュージーランドのギズボーンに定住し、四人の子供を育てた。二人は1983年（昭和58年）に離婚し、ユッタは1992年（平成4年）に、ハロルドは2006年（平成18年）に亡くなった。

かつての敵国の男性と恋に落ちた娘を持ったヴェネッカー大将の心境はいかばかりであったろうか。

ジャワ海に沈んだU183の船体はいまだに引き揚げられていない。ジャワ海では同じⅨC／40型Uボートの U168が、同じく敵潜の魚雷で沈んでおり、その船体らしきものがすでに発見されている。

この船体は一応、U168と判断されているが、もしかするとU183かも知れず、今後の調査が待たれるところである。ただし、ここ数年、調査が進捗したという情報はないようで、現状で調査は停滞しているようだ。

U183についての謎解きは、当分の間……もしかすると未来永劫……不可能と考えざるを得ないだろう。

ロリアンのブンカーを進むU183。写真提供者からの情報では、インド洋に出発する際の写真とされており、1943年7月の出撃時と考えられる。大勢の将兵たちの盛大な見送りを受けている。
(Deutsches U-Boot-Museum)

1943年4月1日、ブレーメン造船所における就役式でのU183とその乗組員たち。司令塔の上で敬礼を掲げているのが艦長のハインリヒ・シェーファー少佐と思われる。U183の甲板の形状がつぶさに分かる。（Deutsches U-Boot-Museum）

U183に給油を行うタンカー。U183がインド洋に向かう際に給油を行ったのは「シャルロッテ・シュリーマン」なので、その姿と思われる。インド洋や太平洋で活躍したドイツ海軍の補給船の写真は大変に数が少なく、貴重な1枚と言える。（Deutsches U-Boot-Museum）

U183艦長のシェーファー（右端）と、戦争特派員のカール・エミール・ヴァイス（中央）。この写真のネガは、終戦間際にインド洋からノルウェーに帰還、その後にカテガット海峡で沈められたU843から引き揚げられたもの。ヴァイスはU843で欧州に帰還後、沈没時に艦内で死亡した。（Deutsches U-Boot-Museum）

U183の艦長室で執務中のシェーファー。この写真も、インド洋から帰還したU843からサルヴェージされたものと思われる。背後のヒトラーの肖像は本文中に記した、太平洋でU183に乗り込んだ日本海軍士官のエピソードに登場するものと同じものかも知れない。
（Deutsches U-Boot-Museum）

U183艦長時代のシュネーヴィント一行を写した数少ない一葉。1944年11月19日、大阪警備府での歓迎会のシーンと考えられる。中央で祝辞（?）を読んでいるのは、当時の大阪警備府長官、岡新中将と考えるのが妥当だが、今のところ著者の中での確証はない。（Deutsches U-Boot-Museum）

これも日本でのU183艦長のシュネーヴィントを撮影した数少ない写真。日付は1945年2月11日で、南方への出撃前の壮行会だろうか。左の人物は上の写真で祝辞を読んでいる人物と同一（岡新中将?）と思われる。スキヤキのようなものを食べているようだ。（Deutsches U-Boot-Museum）

ペナン島の「モンスーン」グループを写した雄大な1枚。手前はハインリヒ・シェーファー率いるU183で、後ろはU532。1943年10月30日のペナン入港時と思われる。写真中央、両手を腰に当てている人物がおそらくシェーファー。心なしか、他の乗組員に比べて疲れ切った表情のように見える……。(Wolfgang Ockert)

神戸滞在中、U183乗組員が宿泊していた「トアホテル(Tor Hotel)」の絵葉書。海外資本の高級ホテルで、現在の神戸市中央区にある「トアロード」の命名由来とされる。現在は同じ土地に「神戸外国倶楽部」がある。U183乗組員はこの近所のドイツ人社交クラブ「クラブ・コンコルディア」で食事していたという。

第二章

目標、オーストラリア！太平洋の最果てに向かったUボートたち

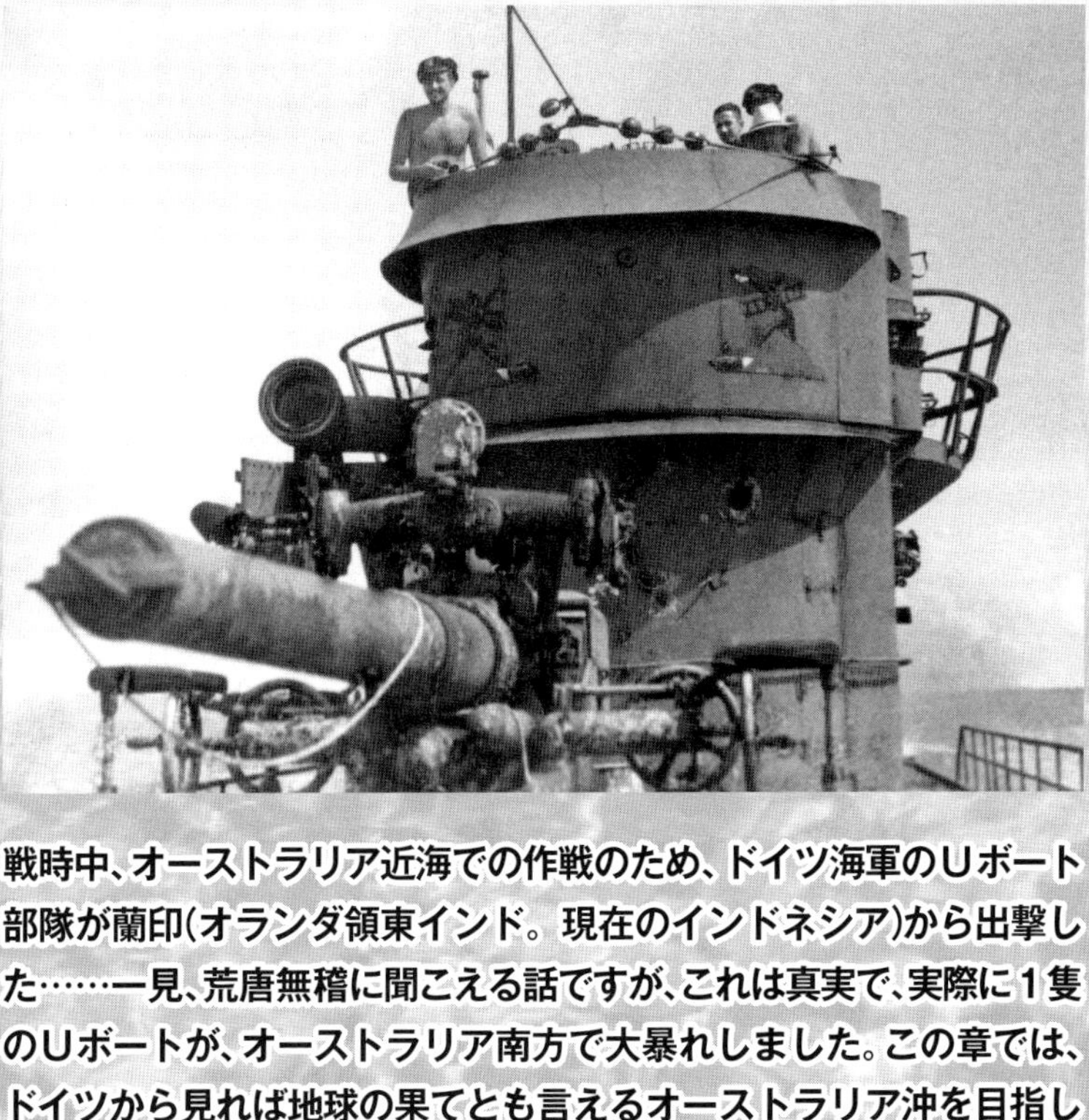

戦時中、オーストラリア近海での作戦のため、ドイツ海軍のUボート部隊が蘭印（オランダ領東インド。現在のインドネシア）から出撃した……一見、荒唐無稽に聞こえる話ですが、これは真実で、実際に１隻のUボートが、オーストラリア南方で大暴れしました。この章では、ドイツから見れば地球の果てとも言えるオーストラリア沖を目指した、３隻のUボートの戦歴をご紹介します。

第一節　オーストラリア近海で暴れまわった、ただ一隻のUボートU862／伊502

インド洋のUボート「モンスーン」グループの出撃

1943年（昭和18年）6月、ドイツ海軍の「モンスーン」グループと呼ばれるUボート部隊がドイツ本土、あるいはドイツ占領下のフランスの各軍港から出撃を開始した。

「モンスーン」グループは合計11隻のⅨ型Uボートで編成されていた（ⅨC型4隻、ⅨC／40型5隻、ⅨD2型2隻）。「モンスーン」グループの目的地はインド洋、マレー半島の西に位置する日本軍占領下のペナン基地で、同地を拠点として、インド洋における「ドイツ海軍の」通商破壊戦を行うことを任務としていた。ヨーロッパ周辺で戦闘を繰り広げていたドイツ海軍が、大西洋を越えて、遥か彼方のインド洋で作戦を展開することになったのである。

「モンスーン」グループの出撃の経緯には、ドイツと日本のインド洋での作戦展望が関わっている。

太平洋戦争の開戦劈頭《へきとう》、ドイツ第三帝国総統アドルフ・ヒトラーは、北アフリカでの作戦を容易にするため、日本海軍にインド洋での戦略的攻勢を要請するかたわら、ドイツと日本の連絡線の構築に興味を持っていた。

当時、ヒトラーにはドイツ海軍をインド洋や太平洋に展開する意思はなかったものの、東南アジアで産出されるゴムや錫《すず》、タングステン、キニーネ（抗マラリア薬に使用）などの希少な資源には興味を持ち、これを東南アジアからインド洋経由でドイツ本土に輸入したいと考えていた。この時点において、そしてある意味でその後においても、ヒトラーにとってインド洋はあくまで資源輸送の経由地でしかなかった。

一方、ドイツ海軍にとってインド洋は重視するべき攻撃目標だった。インド洋は多数の連合軍の船舶が行き交う海域であり、そこで通商破壊戦を実施すれば、大きな戦果が見込まれたからである。

だが、インド洋は距離的にドイツ海軍のUボートの活動限界に近く、当時の主戦場だった大西洋や北海よりも重視されるべき場所ではなかった。加えて、Uボートが長期間にわたって作戦を行うにはUボートの補給や修繕を行うための基地が必要であり、まずはそのための基地建設や資材・人員の輸送、兵器（主に魚雷）、燃料が必要だった。それはヒトラーの望む、インド洋を経由しての資源輸送に潜水艦を充てた場合にも言えることだった。

こうした事情から、ドイツ海軍によるインド洋の作戦は1942年（昭和17年）中にほとんど行われなかった。

日本海軍はドイツ海軍の消極的な姿勢に失望を隠せなかったが、ドイツ海軍もインド洋で戦略的攻勢を行わない日本海軍に失望を感じていた。インド洋は日独にとって重要だったが、日本海軍の主敵はアメリカで、ドイツ海軍の主敵はイギリス。ボタンの掛け違いは残念ながら避けられなかった。

状況が変わるのは1942年末、日本海軍がドイツ海軍にインド洋での基地提供を提案した際である。

この提案は駐日ドイツ大使館付海軍武官で、日本海軍の三輪茂義少将（1942年10月末まで軍令部出仕、11月1日から艦政本部第七部長）と共に日独海軍の作戦調整を担当していたパウル・ヴェッネカー中将から、ドイツ海軍の潜水艦隊司令長官のカール・デーニッツに宛てられたものだった。なお、後に三輪は日本海軍の潜水艦部隊である第六艦隊の司令長官となって大戦後半の潜水艦作戦（回天などの特攻兵器含む）の指導に当たる人物である。また、ヴェッネカーは装甲艦（ポケット戦艦）「ドイッチュラント」の艦長として大戦前半の通商破壊戦に参加した歴戦の指揮官で、1933年（昭和8年）から1937年（昭和12年）、そして1940年（昭和15年）から終戦までドイツ海軍の駐在武官として日本に赴任していたドイツ海軍きっての日本通でもあった。1943年7月にはヒトラーの特別な要請により戦艦「大和《やまと》」を視察している。

日本海軍はこの提案に際し、マレー半島西岸のペナン島か、蘭印（オランダ領東インド）のスマトラ島北西方のサバンを基地の候補としていた。どちらもインド洋へのアクセスに適した良港である。

この提案そのものはデーニッツによって一旦断られることになった。前述した通り、Uボートがインド洋で活動するには支援体制の構築が不可欠であり、基地の場所だけでは用をなさないからである。

すでにこの時期、ドイツ海軍はアフリカ南端の喜望峰回りでイギリス本土を目指す船団を狙うため、10隻以上のUボートを派遣していたが、出撃拠点として利用できる基地がなかった。ドイツからインドの独立運動家チャンドラ・ボースを日本に運ぶ命令を受けたU180も、大西洋を経由してインド洋に到達した後、日本の基地には向かわず、マダガスカル沖で日本海軍の伊29と会合し、そこでボースを引き渡した後、U530から給油を受けてフランスのボルドーに帰還している。

だが、この日本海軍の提案により、日独の間でインド洋での作戦についての合意ができたようだ。当時、ヨーロッパではスターリングラードの敗北、北アフリカへの連合軍の上陸など敗勢となっており、大西洋でもUボート部隊と連合軍の輸送船団との戦いが激化し、損害が積み重なっていた。大西洋に比べて防備が薄く、連合軍の「柔らかい下腹」となっているインド洋での作戦は、ドイツ海軍に利益をもたらす可能性があった。デーニッツは季節風が終わり次第、Uボートの中でも航続距離の長いⅨD2型を送り出す腹だった。

1943年1月30日に海軍総司令官となったデーニッツは、2月8日のベルリンでの会談においてヒトラーに、資源確保のためのインド洋へのUボート派遣を提案、合わせてドイツ海軍に先立ってイタリア海軍の潜水艦を東南アジアに派遣することを希望した。ヒトラーはこれらの提案に同意、イタリアと交渉が行われ、ドイツ海軍のⅦC型Uボートをイタリア海軍に譲渡する代わりに、イタリア海軍の9隻の潜水艦が資源輸送のため、東南アジアに向かうことになった。この作戦は実施されたものの、様々な事情で実際に出撃したのは5隻、シンガポールに到着したのは3隻、ヨーロッパに帰還したのは0隻という無残な結果に終わった。このうち、シンガポールに到着した3隻は、いずれもドイツ海軍のUボート、UIT23、UIT24、UIT25となり、このうちUIT24とUIT25はドイツ敗戦時に日本海軍に接収されて伊503と伊504となる。

一方、ドイツ海軍もインド洋での作戦に向けて準備を開始。デーニッツは手始めに日本側から誘致されたペナンに基地を置くべく、人員を乗せたUボートを送ることにした。すでにペナンには日本海軍の潜水艦部隊が進出していたので、とりあえず人員を送って基幹要員とすることになったのだろう。

選ばれた潜水艦は南大西洋で作戦中だったU178。1943年8月17日、U178は無事にペナンに到着。艦長のヴィルヘルム・ドメスが基地司令となった。なお、これ以前に日本側に譲渡される予定のU511がペナンに到着、フリッツ・シュネーヴィント大尉が臨時の(そして最初の)ペナンの基地司令となっていた。ドメスはこの後、ペナンでインド洋に到来するUボートの指揮に当たり、日本海軍と密接な連携を続けていくことになる。

これと前後して6月、ドイツ海軍はインド洋の潜水艦隊として「モンスーン」グループを編成。まずは第一波として11隻の派遣が計画された。

彼らの目的はインド洋で通商破壊戦を行いつつペナンに到達し、ヒトラーが待ち望む東南アジアの希少資源をドイツに持ち帰ることだった。その後、ペナンへの航路で損害が積み重なったことから第二波、第三波のUボートが送られ、最終的に合計40隻以上にも及ぶUボートが「モンスーン」グループとしてインド洋を目指した。

「モンスーン」グループに参加したUボートのうち、ヨーロッパに戻ったのはわずか6隻で、このうちの2隻だけがドイツの敗戦までにドイツ本土に資源を送ることに成功した(この他に2隻が大戦末期のヨーロッパに到達するも、ドイツに資源を送ることは敗戦により叶わなかった)。

一方で、4隻のUボートがドイツ敗戦時に日本の勢力圏に残り、日本海軍に接収されることになった。また、「モンスーン」グループのインド洋での通商破壊戦の戦果もドイツ側が事前に期待していたほど多くはなく、損失割合も7割以上となり、ドイツ海軍にとっては高い代償の作戦となった。

このように、厳しい戦いとなった「モンスーン」グループの中で、ひときわ輝かしい戦歴を残したUボートが、この節の主役のU862……後の日本海軍潜水艦、伊502である。

「歴戦」の新型Uボート・U862と艦長ハインリヒ・ティム大尉

U862はドイツ海軍のⅨD2型Uボートの1隻として建造された。

1941年(昭和16年)6月5日に建造が決定し、1942年8月15日にブレーメンの造船所で起工(なんとも暗示的な日付である!)。1943年6月8日に進水を果たし、同年10月7日にドイツ海軍に編入された。艦長はハインリヒ・ティム大尉である。

ここでU862の艦型であるⅨD2型について簡単に言及しておく。

ⅨD2型の原型となったのはⅨ型である。Ⅸ型は1935年(昭和10年)のドイツ海軍の要求に基づき、将来の遠距離作戦用Uボートとして計画された。この時点でドイツ海軍は中距離作戦用のⅦ型を数の上での主力として北大西洋での作戦を実施し、その上で若干数のⅨ型で遠距離作戦を行うことで、将来の戦いに備えようとしていた。戦前において、Ⅸ型は主力と目されていなかったのである。

Ⅸ型は戦前にドイツ海軍が建造した遠距離作戦用Uボート、ⅠA型を原型に、これを発展・拡大した設計となった。最初の量産型となったⅨA型の場合、全長は76・5m、幅6・5m、排水量(水上)1032トン。航続距離は水上12ノットで8100浬。武装は魚雷発射管6門(前部に4門、後部に2門)、携行魚雷数22本、各種砲3門、乗員48名。対の存在となるⅦ型の初期型、Ⅶ

A型は全長64・5m、幅5・85m、排水量（水上）626トン。航続距離は水上12ノットで4399海里、魚雷発射管5門（前部に4門、後部に1門）、携行魚雷11本だった。Ⅸ型はⅦ型に対し、全長や幅が1割から2割増し、水上排水量は約1・6倍、航続距離は約1・8倍となっていた。

前述のように、ドイツ海軍は中距離作戦用のⅦ型を主、遠距離作戦用のⅨ型を従として運用するつもりだった。しかし、戦争が始まってみると、戦域の拡大により思いのほか遠距離作戦が必要となり、従来のⅨ型でも性能が不足することが判明した。このため、ドイツ海軍はⅦ型を量産の主力に据えつつ、Ⅸ型及びその発展型の生産数も拡大していく。

ⅨD型はⅨ型をさらに発展させた艦型である。排水量は1・5倍の水上1610トン、全長は87・6mにまで増大した。D1型、D2型の2タイプが計画され、D1型は速力を、D2型は航続距離を延長した設計だった。このうちドイツ海軍が重視したのはD2型で、D1型の建造数が2隻にとどまったのに対し、D2型は28隻が建造された。Ⅸ型は全体で195隻が建造されたから、D2型はそのうちのおよそ1割半ばを占めることになる。ドイツ海軍でⅨD型は遠距離作戦の切り札と考えられていたようで、「モンスーン・ボート」、あるいは「Uクルーザー」のあだ名がついていた。

ドイツ海軍の作戦地域としては特に遠隔の地になるインド洋での作戦に、Ⅸ型が集中的に投入されたのは、その航続距離を見込んでのことだった。U862はその1隻に選ばれたのだった。

とはいえ、U862は建造されたばかりのUボート、実力には不安があった……と、通常の戦記ならば書くことになるのだが、幸いにして、U862はその貴重な例外だった。

U862には、Uボート戦のエキスパートである艦長と、彼と深い信頼で結ばれた、同じく歴戦にしてチームワークに優れた乗組員たちが「まるごと」乗り込むことになったからだ。

U862の最初にして「唯一」の艦長となるハインリヒ・ティム大尉は1910年（明治43年）にブレーメ

ンの港町で生まれた。

　父親は商船の船長で、彼自身も海に大きな憧れを持ちながら育ったようだ。18歳で中等教育を卒業した後、商船学校に入学、帆船「オルデンブルク」に乗り込みシーマンシップの基礎を学んだ。商船学校を卒業した後、海運会社「ノルトドイッチャー・ロイド」（「北ドイツ商船」。日本で有名な客船「シャルンホルスト」＝後の空母「神鷹《しんよう》」もこの会社の所属である）に入社、１９３０年（昭和５年）から１９３２年（昭和７年）にかけて実際の勤務に当たることになった。この間、極東への航海を経験し、オーストラリア南方も旅しており、この経歴が彼の戦争中の運命に大きく関わることになる。

　１９３３年、ティムはドイツ海軍に参加。Ｍ１型（１９３５型）掃海艇のＭ１３２とＭ１１０に数年間乗り込んだ後、１９３７年７月にＭ７掃海艇の艇長となる。

　１９４０年１月、ティムのＭ７はヘルゴラント湾での任務中、イギリスの潜水艦「スターフィッシュ（日本語に訳すとヒトデ）」の雷撃を受けた。しかし、この攻撃は失敗、ティムは爆雷を投下して反撃し、「スターフィッシュ」に深手を負わせ、浮上後に撃沈することに成功した。「スターフィッシュ」乗組員は浮上時に脱出し、ティムはその全員を救出した。この後、イギリス海軍はヘルゴラント湾で1週間のうちにさらに2隻の潜水艦を失い、同湾での潜水艦の作戦を一時的に中止した。ドイツ海軍の作戦部門はティムたちの戦果に大きく感謝したという。

　ティムはその後のノルウェー作戦にもＭ７の艇長として参加。１９４０年５月16日には一級鉄十字勲章を授与されている。

　水上艦艇を中心にキャリアを積んできたティムだったが、開戦と同時にドイツ海軍は潜水艦隊の増勢に力を注ぎ、それに伴い新たなＵボート艦長も必要としていた。ティムにも白羽の矢が立ち、１９４１年９月、数カ月の研修の末にⅦＣ型ＵボートのＵ２５１の艦長となった。なお、この研修でティムは、ヴォルフガング・リュートやギュンター・プリーンなどの、有名なＵボート艦長たちに教えを受けている。

　半年間の訓練の後、Ｕ２５１は前線に出撃、１９４２

年5月から1943年6月にかけて3回の戦闘哨戒を実施した。うち第1回目がPQ15船団、そして第3回目は（有名な）PQ17船団への攻撃である。ティムは前者でイギリス船籍の輸送船「ユトランド」を、後者でJu88の空襲で被爆、放棄されていたパナマ船籍の輸送船「エル・キャピタン」を撃沈した。

U251の本当の試練は、その後のQP14船団への襲撃の際に訪れた。U251はこの船団に対して魚雷攻撃を仕掛けたが命中せず、逆に多数の護衛艦の反撃を受け、猛烈な爆雷攻撃を受けた。危機の中、ティムは巧みな操艦でこれを回避、見事に敵の追撃を振り切り、U251を安全圏に逃した。

北海での戦闘の結果だけを評価すれば、ティムは大きな戦果を得ることはできなかったと言えるだろう。3回の出撃で輸送船2隻という戦果は、他のUボートエースと比べればいかにも少ない。しかし、この一連の戦いで、ティムは乗組員たちの大きな信頼を勝ち得ていた。自らの栄誉のために積極果敢な……時に無謀な攻撃を仕掛けるUボート艦長が多い中、ティムは慎重な戦いを心掛け、乗員を犠牲にする姿勢を見せなかった。輸送船を撃沈すれば確実に評価が高まる艦長と違い、他のUボートの乗員にとっては生還こそが大きな戦果であり、ティムはその期待に応えたのだった。

1943年6月、ティムのU251はドイツ本土に帰還、長期のオーバーホールに入った。しかし、この間、大西洋での通商破壊戦は最高潮を迎えており、前線では一人でも多くのUボート乗りが必要とされていた。

このため、ティムと乗組員たちはブレーメンに向かい、そこで新型のU862に「まるごと」乗り込むことを命じられた。もちろん、U862はU251より大型で、より多数の乗組員が必要になるため、新たな人員も迎えられている。

かくしてU862はティムの指揮の下、熟練の乗組員の手により、インド洋に向かうことになったのだった。そしてそれは、ティムたちの想像を超える長征の始まりだった。

なお、ティムの特徴的な性格として、クラシック音楽の重度の愛好家だったことが挙げられる。彼はUボートに乗っている時も（おそらく音漏れの心配がない場合に限り）、艦内のラウドスピーカーでクラシックを流すことを好んだ。

このティムの習慣はすべての乗組員に好意的に受け入れられていたわけではなかったが、これによりティムのあだ名は「テュータ（Tote）」になった。テュータとは菓子を詰める三角形の袋のことで、転じて、形の似た蓄音機のスピーカーを意味する言葉となった。

このティムのあだ名から、U251とU862のエンブレムは「魚雷を包んだ『テュータ』と、（ドイツの幸運のシンボルとしての）煙突掃除人」という、諧謔《かいぎゃく》味溢れるデザインとなっていた。

艦長のあだ名を活用したエンブレムをあえて引き継いだ辺り、ティムと乗組員たちとの絆が窺い知れるエピソードである……が、これには余談もある。

U862、インド洋へ！

1943年10月7日、ティムはU862の艦長に着任した。同時にU862はシュチェチンに本部のあるハインツ・フィッシャー少佐率いる第4Uボート小艦隊の指揮下となり、バルト海で訓練を開始した。いかに熟練の乗組員たちが揃っているといっても、艦に習熟するにはそれなりの時間が必要となる。

ティムとその仲間たちがバルト海で訓練に励んでいる間、洋上の戦況はドイツ海軍にとって急速に悪化していった。大西洋では連合軍の船団護衛戦力が強化され、Uボートの集団攻撃の効果が大きく封じられた。デーニッツはUボートを大西洋の船団航路から撤退させ、本土近海や遠隔地に再配置せざるをえなかった。しかし、連合軍もこれに対応して護衛戦力を各所で強化、デーニッツの作戦の幅を縮めていった。1944年（昭和19年）春になると、来るべき連合軍の大陸反攻に備え、Uボートの出撃も控えられるようになった。

インド洋に派遣された「モンスーン」グループも、当初は順調に戦果を稼いでいたものの、同じく連合軍の戦力強化により損害が続出、その損害を補填するために、第三波以降は五月雨《さみだれ》式の出撃が続いていた。

ドイツからインド洋までの距離は遠く、Ⅸ型以外のUボートでは洋上補給が必須となり、ドイツ海軍は無線で連絡を取り合うことでそれを成功させようとする。だが、連合軍はこれを傍受し、的確に待ち伏せを行い、Uボートたちを狩りだしていく。インド洋のペナンに辿り着いたとしても、Uボートと乗組員の疲労は深く、出撃の前にUボートのオーバーホールと乗組員の休息が必要になる。結果、時間が無為に奪われていく……。だが、ヒトラーは東南アジアからの貴重な資源の輸入を依然として切望しており、「モンスーン」グループの出撃は続けられた。ただし、その任務はインド洋での通商破壊戦から、資源輸送に徐々に切り替えられていった。

U862が半年間に及ぶ訓練を完了した1944年4月は、こうした戦況の下にあった。このためU862も、物資輸送と戦闘任務を兼ねたUボートとしてインド洋に派遣されることになった。ⅨD2型Uボートの U862なら、ドイツ本土からインド洋まで無補給(!)で到達し、さらに通商破壊戦を展開した上でペナンに辿り着ける。

5月21日、キール軍港を出撃した。艦内には日本海軍に手渡すためのドイツ兵器の図面や模型、写真が大量に積まれ、竜骨のスペースには、日本海軍が所望していた水銀や鉛、鋼鉄などの資源が詰め込まれていた。その後、乗組員が燃料タンクの亀裂を発見したことからノルウェーのナルヴィクに修理のために向かい、6月3日、ナルヴィクを出発、グリーンランドとアイスランドの間のデンマーク海峡を経由して大西洋に向かう。

前述の通り、この時期の大西洋はすでに危険な場所になっていた。大西洋の全域で連合軍の哨戒機が飛び交い、Uボートを探し回っている。通常の浮上航行ではすぐに見つかってしまうが、かといって水中航行ばかりではバッテリーの電力がすぐに失われてしまう。

だが、U862には強い味方が取り付けられていた。「シュノーケル」……水中にいながら空気を補充し、ディーゼルエンジンでの航行を可能にする新装備だった。この時期、たとえ「モンスーン」グループのUボートでも「シュノーケル」装備のUボートは少なかったが、

U862は幸運にもその1隻に選ばれていたのだった。U862は南大西洋に到達するまで、これを活用して航行していくことになった。

また、U862には新兵器、フォッケ・アハゲリスFa330「バッハシュテルツェ」（「セキレイの尾」の意味）が搭載されていた。「バッハシュテルツェ」はUボート用の回転翼凧《たこ》であり、Uボートにケーブルを介して係留され、コードを通じて送られた電気でローターを駆動、3枚のローター・ブレードにより約120mの高度まで飛ぶことができた。この機材の利点として、Uボートの上空に飛ばすことで、Uボート甲板上よりもはるかに遠くまでの視程を確保できることが挙げられる。ただし、分解と収納には20分以上が必要であり、Uボート自身が危機に陥った場合は機体の切り離しが容認されており、その場合、操縦士と機体は失われることになった。

ティムは北海でこのFa330を展開、霧の中で少しでも視界を取れるようにしたという。

なお、U862においてFa330の操縦は、U862の軍医であるヨーブスト・シェーファーに任されていた。軍医がFa330を操るというのは日本人からしてみれば驚くしかないが、Fa330が「敵に見つかればパイロットごと犠牲にするしかない」機材だとすれば、とりあえず皆が健康ならば仕事のない軍医にこれを任せるのはある意味で合理的と言える。なお、シェーファーは1932年生まれで、1943年には「戦争での潜水艦乗組員の栄養」という論文で博士号を取得している。

6月24日、U862はアゾレス諸島を通過。7月いっぱいをかけて南大西洋を進んだ。この最中の7月1日、ティムに少佐への昇進が伝えられ、艦内はお祝いムードとなった。乗組員たちにはアルコール度数の弱いオランダ・ジン、将校には冷えたシャンパンが用意された。作戦行動中のUボートでアルコールが出されるのはかなり珍しいのではないだろうか。

25日にはアメリカの輸送船「ロビン・グッドフェロー」を発見して撃沈。なお、この戦いではU862は音響追尾魚雷のG7esを放ったものの、魚雷がUターンしてU862に接近。ティムが慌てて急速潜航の後にエンジンを停止して追跡を逃れ、事なきを得るというハプニングも生じている。

U862は8月初めにケープタウン沖を抜けてインド洋に入り、8月10日にはマダガスカル島の沖合に達する。

8月13日、マダガスカル島とアフリカの間の海峡において、ついにU862は通常の戦闘哨戒任務に移行、通商破壊戦を開始した。同日、イギリスの輸送船「レドベリー」を発見して撃沈。その後の1週間で「エンパイア・ランサー」「ナイロン」「ウェイファアラー」を立て続けに撃沈するという大戦果を挙げている。だが、8月20日、索敵機のカタリナ飛行艇に発見され、U862は対空砲で見事これを撃墜したものの、安全を確保するため通商破壊戦を停止、目的地であるペナンに全速力で向かうことを決めた。

この海域でU862は2万トン以上の撃沈戦果を挙げることになった。ティムにとっては初めての大戦果で、1942年のアメリカ東海岸での通商破壊作戦「パウケンシュラーク（「太鼓の響き」の意味）」を彷彿《ほうふつ》とさせた。乗組員たちの士気はいやが上にも上がった。

なお、大西洋からインド洋にわたっての長期航海の中で、U862の乗組員たちにとって不愉快なものもあった。

それはティムのクラシック音楽だった。前述の通り、ティムはクラシックを愛好しており、安全な海域では艦内で常にクラシックを流し続けていた。特にティムは交響曲やソナタ、ピアノの協奏曲を好んでいて、重点的に流していたという。ティムとしては、自分の趣味を満たすとともに、乗組員を慰撫《いぶ》する狙いだったかも知れないが、乗組員たちは何の代り映えもしない大西洋での航海中、趣味でもない音楽を延々と聞かされるわけで、とても好意的に受け取れるものではなかったようだ。ある乗組員は、ティムの音楽を聞かされるより、耐えがたい熱帯の暑さの方がマシだったと回顧している。

9月9日、U862はペナンに到達。基地司令のヴィルヘルム・ドメス中佐と、日本海軍第五根拠地隊の指揮官でペナンの根拠地の管理を任されている魚住治策少将の立ち合いの下、日本国歌の斉唱で出迎えを受けた。ティムは乗組員たちを艦上に整列させてこれに臨む。その後、ティムたちはドメス中佐たちに盛大な歓待を受けた。乗組員たちはペナン市街の宮殿のように豪華な宿泊施設に収容され、束の間の休息を得ることになった。

2日後、ティムたちにとってちょっとした不愉快な出来事があった。日独間の情報を交換するべく魚住少将が、当時ペナンを根拠地に活動していた日本海軍の潜水艦、伊8の艦長、有泉龍之助大佐を伴ってU862の見学に訪れたのだった。

実はこの時、有泉はペナンのドイツ海軍の中で、悪い意味での有名人になっていた。有泉の伊8はインド洋での作戦中、撃沈した輸送船の生存者を虐殺するという国際法違反を犯していたからだった。ドイツ海軍のUボートの乗組員のほとんどは、こうした行為を軽蔑しており、犯罪者同然の人物に自分たちのU862を見せなければならないのは、乗組員たちにとって屈辱的だった。しかも有泉たちは、ティムたちの会話をすべてメモとして書き残すという（ティムたちから見ればスパイ同然の行動を執っていた。このため、ペナンで出会った日本人の将官たちについて、U862の乗組員はあまり好い印象を持っていない。

翌日、U862はペナンを出撃、シンガポールに向かった。この時期、ペナンは補給物資の不足や連合軍による空襲・潜水艦の待ち伏せなどにより、根拠地として機能しづらい状態にあった。このため、ペナンではUボートの補修や乗組員の休養が果たせず、その代わりの拠点としてはマラッカ海峡の奥にある安全なシンガポールが適していたのである。

なお、このペナンの出撃の際は、ペナンに展開していたドイツ海軍の航空隊、東アジア海軍特別航空司令部「ペナン」の、日の丸を描いた（！）アラドAr196が、対潜警戒の任務でU862の前に姿を現している。この機体は同航空隊が保有していた2～3機のAr196のうちの1機で、これらの機体は、かつてインド洋で通商破壊戦を行っていた仮装巡洋艦「ミヒェル」などによりペナンに運ばれたものだったと言われている。

この時のAr196には、ペナン基地司令のドメスが乗り込んでいた。マラッカ海峡は敵潜水艦が待ち伏せている可能性が極めて高い海域であり、ドメスはそれを心配して、ペナンからシンガポールに向けてマラッカ海峡を航行するUボートの視察を行い、その後、移動先のシンガポールでUボートを出迎えるというのが常だった。

　ちなみに、ペナンではU８６２の航空兵力ことFa３３０が降ろされ、日本海軍に引き渡された。ティムは北海に引き続きインド洋でもFa３３０を利用して索敵を行ったが、あまり役に立たなかったようだ。同様のFa３３０の引き渡しはU１９６でも行われ、日本海軍はこの２機を受け取る代わりに、ペナンのドイツ海軍航空隊に「レイカン」と呼ばれる水上偵察機１機（資料によって、零式観測機、零式三座水偵、零式小型水偵の三つの説がある）を引き渡したと言われている。

　９月12日、U８６２はシンガポールのセレター軍港に到着。U８６２はここでオーバーホールと乗組員の休息のため、７週間の時間を過ごすことになった。同時に艦内からは日本向けの各種資材が降ろされ、代わりにドイツ側が所望していたレアメタルのモリブデンやタングステンが積まれた。

　１週間後の９月10日、ドイツ海軍潜水艦隊司令部はティムに騎士鉄十字章が授与されたことを伝え、さらに50名の乗組員に一級／二級鉄十字章が与えられたことも知らせた。現場で鉄十字章が乗組員たちに手渡されたかは不明だが、もしも手渡されたとすれば、それは日本で生産された鉄十字勲章かも知れない。

　シンガポールでの滞在中、休暇の時間を与えられた乗組員たちは、毎晩のようにカジノに通ったり、ダンスホールに通ったりと、充実した日々を送った。現地の女性との性交渉も頻繁に行われたという。食事もドイツ海軍が拿捕《だほ》したイギリス輸送船が積んでいた食材を調理したものが振る舞われ、特に不自由は感じなかったようだ。また、U８６２のオーバーホールも、作業に関わった乗組員たちの努力と、U８６２側と日本海軍側の間に優秀な通訳が付いたおかげで順調に進められた。

　ちなみに、この時期の太平洋では、10月下旬のレイテ沖海戦で日本海軍が敗北、壊滅的打撃を受けていた。フィリピン周辺の制海権は米軍のものとなり、東南アジア（南西方面）と日本のシーレーンは途絶。日本の敗北は不可避の状態となっていた。

ドイツからペナン、そしてシンガポールへの遠征が成功に終わり、幸福な長期休暇を与えられたU862の状況と比べると、何とも極端な対比となる。

11月6日、十分に英気を養ったU862は、ティムの指揮の下、シンガポールを出撃した。新たな目的地は日本軍の占領下にある蘭印（オランダ領東インド）のバタヴィア（現在のインドネシア・ジャカルタ）である。ティムたちがバタヴィアに向かうのには、それなりの理由があった。

U862、バタヴィアへ！常夏の国、インドネシアのUボートたち

驚くべきことに、戦時中の蘭印には、れっきとしたドイツ海軍の拠点が設けられていた。

1944年末、バタヴィアとスラバヤには「モンスーン」グループの拠点が置かれ、簡単な補修や乗組員の長期休息が行えるようになっていた。

ちなみに、日本本土の神戸にもドイツ海軍の（事実上、「モンスーン」グループのための）基地が設けられ、Uボートのオーバーホールやバッテリーの交換が可能になっていた。実際、1945年（昭和20年）5月のドイツ降伏までにU510、U183、U532、UIT24（旧イタリア潜水艦「コマンダンテ・カッペリーニ」）、UIT25（旧イタリア潜水艦「ルイージ・トレッリ」）が神戸に寄港し、長期のオーバーホールを受けている。

戦前の蘭印にはドイツ人の移民が3000人以上暮らしており、独自のコミュニティを形成し、何人もの富農が現地の住民を雇って大規模なプランテーションを経営していた。彼らの政治的な指導のために、ナチス支部まで設けられていたほどである。

太平洋戦争の開戦直前、オランダ政府はドイツ人移民を蘭印から追放しようとしたが、日本軍の侵攻によって果たせなかった。このため、特にバタヴィアやスラバヤのような大都市にはドイツ人の存在が（曲がりなりにも）根付いており、基地運営のための人員を集めやすかった。1943年にはドイツの外交官で海軍少佐のヘルマン・カンデラー博士がバタヴィアに赴任

し、現地のドイツ人の立場を保障している（なお、後のインドネシア独立の際、スカルノが読み上げた独立宣言文は、カンデラーがバタヴィアの事務所で使っていたタイプライターで作成されたというエピソードが残されている。このタイプライターは現在もジャカルタの博物館に記念品として展示されているという）。

ドイツ海軍将兵たちにとって、蘭印は複雑な感情を惹起させる場所だったようだ。

ドイツ人から見れば、インドネシア人たちは日本人よりも、自分たちドイツ人に親近感を持っているように見えた。これはドイツ人が、旧支配者であるオランダ人と同じ白人だからだろうと見当が付いた。日本人がインドネシア人で兵補（現地人補助兵）を組織して、積極的に利用していることについては、他のヨーロッパ諸国の植民地の状況を踏まえると、将来的に日本の支配に牙を剥く存在を育てているようで危うく感じられた。

蘭印は空襲の恐れがあまりなく、食糧もそれなりに提供されたので、Uボート乗組員が暮らすにはそれほど不便ではない場所だった。

しかし、ドイツ海軍向けの資材や港湾の整備能力は不足しており、日本側の警備も貧弱で、ドイツ側の機密保持に気を払っていないように見えた。事情を知らない日本人からは、日本軍がイギリス軍やオランダ軍から解放したはずの蘭印に、どうしていまだ白人の軍隊がいるのかと驚きの目で見られた。

また、ドイツ側から見ると、日本海軍は全般的に非協力的で、ドイツ人に表面上は親切に振るまうものの、戦果に繋がるような具体的な情報を渡さなかった。ティム自身も、東南アジアでの作戦の情報を得るために日本海軍の司令部に向かったが、収穫は全く得られなかったという。

とはいえ、日本側の視点で見ると、情報収集能力で連合軍側に対して大きく劣っていた日本海軍が、東南アジアでのUボートの通商破壊戦に影響を与えられるほどの有意義な情報（例えば、敵船団の編成や航路の詳細など）をドイツ海軍に提供できたとは思い難く、また、レイテ沖海戦をはじめとするフィリピン周辺での激しい戦闘で苛烈な消耗が続く中では、ドイツ海軍への協力は限られたものにならざるを得なかっただろう。

1944年10月以降、基地司令のドメスは「モンスーン」グループのUボートの拠点をバタヴィアとスラバヤに移動させていった。前述の通り、ペナンが危険になったからである。「モンスーン」グループ全体の消耗が激しい中で、蘭印には10隻以上のUボートが入れ代わり立ち代わりに展開し、ドイツ本土への帰還や通商破壊戦の拠点とした。また、これに伴い、日本海軍の潜水艦群がバタヴィアからスラバヤに移動している。

こうした中、「モンスーン」グループの新たな作戦として持ち上がったのが、ドイツ海軍によるオーストラリア西岸での通商破壊戦である。

元々、オーストラリア西岸での通商破壊戦は、日本海軍がドイツ海軍に要望していたものだった。日本海軍は開戦直後から潜水艦によるオーストラリアの東西での通商破壊戦を実施し、多数の船舶を撃沈していた。投入される潜水艦の数はドイツ海軍に比べると微々たるものだが、オーストラリアにかなりの規模の連合軍の兵力を引き留める効果をもたらした。実際、オーストラリアの海運能力は戦争への協力で限界に達しており、連合軍はオーストラリアの脱落を防ぐため、日本海軍の通商破壊戦の阻止に神経を尖らせていた。だが、1944年になると戦力不足により、オーストラリア近海から日本潜水艦の姿は消え去ってしまった。

ドイツ海軍がオーストラリア西岸で通商破壊戦を行う……一見、常識外れの作戦だったが、ドイツ海軍はそこに合理性を見出していた。

これまで「モンスーン」グループが展開していたインド洋は、連合軍の警戒態勢の強化により通商破壊戦での大戦果は望めない。だが、警戒の薄いオーストラリア近海で大きな戦果を挙げれば、それはオーストラリア方面への連合軍兵力の強化、すなわちヨーロッパの連合軍からの兵力引き抜きに繋がる望みがある。

なお、この作戦は、「モンスーン」グループ第一波に参加したU188艦長のジークフリート・リュッデン大尉や、ティム自身の提言が元になっていると言われている。

特にティムの場合、戦前に商船会社に勤務していた際、オーストラリア近海の航路を巡ったことがあり、その時の経験が影響したと思われる。

1944年9月、デーニッツはペナン基地の司令部と協議の末、日本海軍側にオーストラリアでのUボート作戦の実行を伝えた。

作戦に参加するUボートは、インドネシアに展開する「モンスーン」グループの3隻、U168とU537、U862とされた。このうちU537とU862は長大な航続距離を誇るⅨD2型である。

オーストラリア、ニュージーランドへ！U862の長征

だが、結果的に言えば、このデーニッツの構想は3分の2が画餅になった。何故ならば、オーストラリア近海での作戦に実際に出撃できたのは、ティムたちのU862だけだったからだ。

まず、U168が想定外の悲劇に見舞われることになった。

U168はヘルムート・ピッヒ中尉に率いられたⅨC／40型Uボートで、1943年10月、「モンスーン」グループ第一波としてインド洋に辿り着き、以降1年間、インド洋方面に展開していた。しかし、10月5日、オーストラリアへの出撃準備のためにバッテリーの試験を行っていた際、オランダ潜水艦「ズヴァードヴィッシュ」の待ち伏せ攻撃を受けて沈没した。

続いて11月9日、スラバヤからオーストラリア西方を目指してU537が出撃した。しかし、このU537も翌日、ジャワ海のロンボク海峡でアメリカ潜水艦の「フラウンダー」の雷撃を受けて沈没した。

ドメスはとりあえずの処置として、U168の代わりにU196をオーストラリアに向かわせようとしたが、U196も11月30日に出撃した後に消息を絶ってしまう。U196に何が起こったのかは現在でも分かっておらず、機雷に触れて沈没したという説が有力となっている。

一方、U862はそうしたトラブルとは無縁のまま、オーストラリアへと進撃を果たそうとしていた。

11月5日にシンガポールを出撃したU862は11月7日にバタヴィアの外港タンジュン・プリオクに達し、基地司令を兼ねていたヘルマン・カンデラーと面会。翌日、U862はバタヴィアの主要港に入る。

10日の休養の後の11月18日、U862はバタヴィアを出撃、ついにオーストラリア西岸を目指した。

この時点でティムは、U537がジャワ海で沈んだことを知らなかった。このため、ティムは他のUボートがオーストラリアの西に向かうことを期待し、自分のUボートをオーストラリアの南西に向かわせることに決めた。オーストラリアでの奇襲的な攻撃が作戦の主目的である以上、広域で襲撃を行った方が戦果を稼げるというのが彼の考えだった。

ティムはまず、オーストラリア南西のグレート・オーストラリア湾で網を張ることにした。だが、獲物を見つけることはできず、そこで1週間の時間を使ってしまった。ティムは連合軍が船団航路を変更した可能性を考え、オーストラリア南部のアデレード近海に向かった。

果たして12月9日、アデレードの南西130マイル(約209km)において、U862は輸送船1隻を発見した。この輸送船はギリシャの蒸気船「イリオス」だった。深度の関係上、潜航しての雷撃では間に合わないと判断したU862は、水上航行で「イリオス」に接近、艦上の10・5cm砲での射撃を開始する。だが、「イリオス」は離脱に成功し、U862は獲物を逃してしまう。

「イリオス」の通報により、オーストラリア南方の海域にUボートが潜んでいることが明らかになった。オーストラリア海軍はこれを受け、すぐさま2隻のコルベットを派遣、U862を狩り出そうとした。だが、コルベットは自身のソナーでU862を捉えられず、反対にU862による雷撃を受ける。U862の魚雷は海中の状況の悪化のために外れたが、U862は遁走《とんそう》に成功。アデレード近海の戦いは引き分けに終わる。

オーストラリア海軍が警戒態勢を強化する一方、U862もそれを見越し、さらに東のタスマン海、シドニー沖合に進むことを決める。そこなら敵の警戒が薄く、戦果を稼げると判断したからだ。U862をインド洋に無補給で辿り着かせたⅨD2型の航続距離の長さが、ここでも有益に働いていた。

12月15日、U862はタスマン海でタンカーに遭遇。だが、攻撃の条件が揃わず、これを見逃す。

その後、U862は北に向かい、24日のクリスマスイブ、シドニーの沖合でアメリカのリバティ船「ロバート・J・ウォーカー」を発見。U862は執拗《しつよう》にこれを追撃し、クリスマスの25日の午後から夕刻にかけて攻撃、撃沈した。リバティ船は耐久力に優れていたため、U862はその撃沈のために魚雷を5本も使用しなければならなかった。

オーストラリア海軍は反撃のため、シドニー近海の戦力をかき集め、U862の捕捉を図る。だが、ティムはオーストラリア海軍の大兵力を誘い出したことで戦果を挙げたと判断、次の獲物を目指してニュージーランドに向かう。

ティムは年末から1945年1月末にかけてニュージーランドの東岸を航行した。ニュージーランドの沿岸部は全く警戒が行われておらず、U862は人々の生活が見えるほど港に近づくことができた。だが、獲物には恵まれず、U862はそのままニュージーランドの南端を西に向かった。

このニュージーランド近海でのU862の行動は、面白い後日談を残した。

U862がニュージーランドの人々の暮らしを目撃したように、ニュージーランドの人々の中にも、U862を目撃した者がいたのだ。そのためか、ニュージーランドでは近年まで「1945年の初め、ニュージーランド北島東岸のホーク湾にU862の乗組員が上陸し、ある牧場に侵入、新鮮な牛乳を手に入れるべく牛を搾乳し、それをU862に持ち帰った」という話が信じられていた。この話が真実であれば、「ニュージーランドがドイツ軍の侵攻を受けていた！」という事態になる。

だが、この話は戦後の1950年代に、ニュージーランドの将軍がティムと出会った際、ティムが口にした同じ内容の冗談が真実味を帯びて広まっただけのようだ。残された記録に、U862がそのような愉快な冒険に挑んだ証拠はない。

この時点でU８６２は７本の魚雷を残しており、ティムは再びシドニー沖に向かい、獲物を探すつもりだった。

だが、1月17日、ドメスからバタヴィアへの帰還命令が届く。この時期、日本軍が支えていたビルマの戦線が崩壊し、マレー半島にもイギリス軍が上陸する可能性があったからだ。マレー半島が占領された場合、蘭印を経由しての欧州帰還が困難になるだけでなく、蘭印を拠点とした作戦さえも危うくなる。

このため、U８６２はオーストラリア南方を西に向かって2週間進んだ。そして2月6日、U８６２にとって最後の獲物となるアメリカのリバティ船「ペーター・シルヴェスター」を発見。前回と同じく５本の魚雷でこれを仕留めた。

2月14日、U８６２はバタヴィアに到着、日の丸を描いたAr１９６の援護下でタンジュン・プリオクに入港。安全が確保された後、上陸したティムと乗組員たちをカンデラーとペナンから移動したドメルが出迎え、盛大な祝賀会が催された。

なお、オーストラリア近海での作戦中、U８６２の艦内では赤痢が流行し、乗組員のほとんどが罹患するという大変な状況となっていた。赤痢は主に人間同士の接触でうつり、狭い潜水艦の艦内では防ぎようがない病気の一つである。おそらく、バタヴィアでの滞在中に艦内に持ち込まれたものだろう。

この赤痢の流行により、乗組員たちは航海中、士官・下士官兵を問わず高熱と腹痛、下痢に苛《さいな》まれ、下士官兵たちが士官の仕事をこなさなければならないこともあった。南太平洋、インド洋の荒天がさらに追い打ちをかけ、乗組員の体力を奪った。

このためU８６２の士気は作戦中、どん底となっていたようで、バタヴィアに帰還した際には誰もが喜んだという。

かくして、約３カ月間にも及ぶU８６２の太平洋への遠征は、終わりを迎えたのだった。

なお、１９４５年2月といえば、太平洋戦争ではフィリピンのルソン島を米軍がほぼ制圧し、硫黄島の攻防戦が始まっていた時期である。

ドイツの敗戦と日本軍による接収

壮大な遠征となったU862によるオーストラリア、ニュージーランドでの作戦だったが、ふたを開けてみれば戦果はわずか輸送船2隻という結果に終わった。ドイツ側もそれを自覚しており、ティムはその原因として、目標となった海域が広すぎ、また、戦力が少なすぎたことを指摘している。シドニー近海で戦力を集中すれば、さらに大きな戦果を挙げることができただろう、とも。

ティムの言葉には一理ある。U862だけでオーストラリア海軍をパニックに陥れたのだから、多数のUボートをシドニー沖に投入していれば、より大きな損害と精神的な衝撃を敵にもたらし、より多くの戦力をオーストラリアに振り向けさせ、ヨーロッパの戦力を減少させられたかも知れない。

しかし、全般的に言って、U862のオーストラリア近海での行動は行き当たりばったりで、情報の不足が最後まで足枷《あしかせ》になった。これを解決しない限り、ドイツUボート群によるオーストラリア沖の作戦は効果的なものとはならなかっただろう。

とはいえ、第二次世界大戦で、ドイツから遥か彼方の場所にあるオーストラリア近海で暴れまわったUボートはティムのU862ただ1隻であり、その武勲は高く評価されるべきだ。

1945年2月18日、U862はバタヴィアを離れ、シンガポールのセレター軍港に向かった。再びオーバーホールを行いつつ、乗組員の疲労を回復するためだった。U862は予定では大量のゴムを積み込んだ上で5月12日にシンガポールを発《た》つ予定だった。目的地はもちろんドイツ本土である。

だが、それは果たせなかった。5月7日、ドイツは連合軍に降伏。同時に、日本の東京に置かれたドイツ海軍の極東司令部からドイツの降伏と日本の武装解除を受け入れることを命じる秘匿コード「リューベック」が発令され、蘭印やマレー半島各地のドイツ軍も活動停止を余儀なくされた。ドイツの降伏でドイツ軍のすべての将兵が日本軍にとって友軍ではなくなり、各地で日本軍による武装解除が行われた。

同日、U862でも武装解除が行われた。ティムはドイツ第三帝国総統アドルフ・ヒトラーが死亡したこと、ドイツが西側連合軍に降伏したことを乗組員に伝えた。数日前から日本側の態度がよそよそしくなっていたので、U862の乗組員も、ある程度は何が起こるかを予想していたようだ。

武装解除の際、ティムはU862の甲板上に乗組員を整列させ、規律正しく武装解除を受け入れた。U862に掲げられたドイツ海軍の軍艦旗が降ろされ、代わりに日本海軍の軍艦旗が掲げられた。なお、シンガポールには同じようにUボートのU181が停泊しており、こちらでも同じような措置が執られた。

武装解除された後、U862の乗組員と幹部要員はマレー半島西部のバトゥー・パハトにあるゴム農場に収容され、そこで1945年8月15日の終戦を迎えた。

ただし、2隻それぞれ約30名のUボート乗組員は日本海軍の訓練指導のためにシンガポールに残った。ティムがそれに参加したかは判然としないが、ティム以外にU862の性能を全般的に熟知している人間はおらず、また、U181の場合、ドイツ海軍側の艦長、水雷長、機関長などが訓練指導に参加していることが日本側の回想に残っているため、ほぼ間違いなくティム本人も訓練に協力したと思われる。また、ドメスをはじめとするドイツ海軍の将官たちも事実上の賓客扱いとなり、シンガポールで日本海軍に協力を続けた。例えば武装解除が行われたその日、ドメスたちは日本海軍の将官から、これまでの協力の礼と苦労を労《ねぎら》う意味を込めて、ヨーロッパ式の祝宴に招待されている。

一方、U862は日本海軍によって伊号第五〇二潜水艦（伊502）と改名され、第一南遣艦隊附属となり、再再稼働に向けてシンガポールで改修と訓練が行われた。艦長は山中修明少佐（海兵66期）。U181も同じように伊501と命名された。

伊501の水雷長、幸田正仁大尉（海兵72期）の回想によると、これらの潜水艦の幹部要員は1945年6

月（！）に日本本土の佐世保に集結、伊351潜に乗り込んでシンガポールに向かった。太平洋戦争としては沖縄戦が終結間際の時期である。日本側が伊502に用意した人員は50〜60名で、このうち幹部要員は、

艦長　　山中修明少佐（海兵66期）
水雷長　木村貞春大尉（海兵72期）
機関長　畊野輝夫大尉（機関52期）
航海長　宮持優中尉（海兵73期）

となった。他の下士官兵乗組員の大半は、シンガポールをはじめとする東南アジアからかき集めたようである。

伊502の艦長に任じられた山中修明少佐は、1944年10月から1945年6月まで、日本本土で呂68の艦長を任されていた。

呂68といえば、第一章第二節の呂500の戦歴で紹介した通り、呂500とともに呉鎮守府の特設対潜訓練隊および舞鶴鎮守府の第五十一戦隊で、海防艦の教育に当たっていた旧式の潜水艦である。

呂68で経験を積んだ山中少佐が日本の新たな潜水艦の艦長となるのは自然な流れだが、海防艦への教育を通じ、元ドイツ潜水艦である呂500を間近に見ていたことで培われた知識と経験を伊502で活かしてもらうための配置だったのかも知れない。

到着後、日独幹部は揃ってシンガポールのタイガーバームガーデンでパーティを開き、両者の親睦が図られた。このパーティは、ドメスが炭坑節に踊りに合わせて踊るという和気あいあいとした雰囲気だったという。また、日本海軍の乗組員たちは訓練中、いまだ敵の侵攻が及ばないシンガポールで、豪華なホテルに宿泊し、豊富な食事と酒を楽しむなど、それなりに快適な生活をしていたようだ（終戦間際、日本本土がB-29による夜間無差別爆撃を受けていた時期の話である！）。

ドイツ人たちの協力の甲斐あり、伊502と伊501の訓練は順調に進展し、8月上旬にはドイツ人と合同でアンダマン諸島への訓練航海を行える状態になった。

ただしこの間、ドイツ人たちは「民間人」でありながら日本軍に協力するという形のため、国際法的にかなり微妙な立場になった。実際、伊501の訓練中にP-38ライトニングが出現、これを指導役のドイツ人た

ちが傍らにいる状況で伊501が対空砲で撃墜するという出来事も起こっている。同様の記録はドイツ側の資料にもあるため、2隻揃っての訓練中だったのかも知れない。

興味深いのは日本側の視点で、元乗組員の西野芳馬兵長は『浮上　佐世保鎮守府潜水艦合同慰霊碑記念誌』(佐世保鎮守府潜水艦合同慰霊碑建立委員会、1986年)でU862のクルーたちについて、平均年齢23歳の若いチームで、至極親日的であり、また、チームワークに優れた優秀な乗組員たちだったと回想している。また、訓練についても、「特に潜航訓練は厳しく行われた。早朝6時から夜9時まで彼等とともに月月火水木金金の連続訓練であった」と記している。U862クルーの優秀さは日本側も認めるところだったと言える。

なお、この訓練において、ドイツ海軍側は軍服ではなく、ショートパンツと短い袖の上着を着ていたという。もはや戦争が終わった以上、ドイツ人クルーとしても、制服を着る必要性を感じなかったのだろう。

終戦後の戦い

日本海軍は両艦を8月下旬までには出撃可能状態にできると判断していた。しかし、それは果たせず、8月15日に日本の降伏が伝わった。

伊502艦長の山中少佐は血気盛んな人物だったようで、降伏の報が伝わった後、パナマ運河を爆砕して死のうと決意したが、計画が漏れて全員上陸せよという信号で騒ぎは終わったという話がある。その後、乗組員たちは司令部の指示で伊501、伊502をセレター軍港に回航し、迷彩を施した上で繋留中の重巡「妙高《みょうこう》」の右舷に横付けした。幸田氏の回想によると、ドイツ人将兵たちも、敗戦と前後して、いつの間にか収容所に帰還したようである。

日本の降伏により、日本の軍人とドイツの軍人は揃って捕虜になった。シンガポールの日本海軍部隊はイギリス軍の指示により、ドイツ人たちの住んでいたバトゥー・パハトのゴム農場に集められ、共同生活を送った。

　だが、イギリス軍の進駐後にバトゥー・パハトに向かった日本側と違い、終戦の段階で同地にいたドイツ海軍のUボート乗組員たちは、その時点でかつてない危機に見舞われていた。終戦と同時にマレー半島における抗日ゲリラの行動が活発化し、バトゥー・パハトのキャンプにも、華人を中心とするゲリラたちが姿を現すようになっていたからだ。ゲリラの狙いは、ドイツ人たちが自衛のために日本軍から受け取っていた武器だった。バトゥー・パハトは散発的なゲリラの襲撃を受けるようになり、防衛戦を強いられた。

　ティムはキャンプの指揮官となり、この防衛戦の指揮に当たったようだ。例えば8月下旬、ティムは医療用の列車がラビスという場所でゲリラに包囲された際、敵中で孤立したドイツ人を救うため、重武装の遠征隊を率いて救出に向かっている（このミッションは失敗に終わったが、後日、別の部隊が救出を成功させた）。

　8月末、ティムたちは自衛のために自発的にバトゥー・パハトのキャンプを捨て、シンガポールのパシール・パンジャンのキャンプ地に移動した。9月4日にはイギリス海軍の最初の部隊がシンガポールに上陸、ドイツ海軍はその庇護《ひご》下に入った。彼らにしてみれば、ゲリラとの戦いで犠牲者を出すよりは、かつての敵国の元に向かう方が合理的な判断だったと思われる。

　10月、ドイツ人たちはシンガポールのチャンギ刑務所（捕虜収容所）に向かい、さらにその後、１９４６年（昭和21年）7月にイギリス本土へ送られてウェールズ南部のキンメル・キャンプで数年の捕虜生活を送った末に故郷ドイツに復員していった。

　一部の乗組員はソ連占領下（後の東ドイツ）に復員することを懸念し、近郊の都市に定住することを決めた。ティムは艦長として最後まで捕虜収容所に残り、１９４８年（昭和23年）に自由の身となった。イギリスでは捕虜生活中に2名の乗組員が死去したが、戦闘で死傷したものは一人もいなかった。

　伊５０２は１９４５年11月30日に除籍された。この時までに実施された武装の解除にはドイツ人の乗組員たちが充てがわれたという。１９４６年2月13日、伊

502は正式にイギリス海軍に引き渡され、翌々日、マラッカ海峡の北緯03度05分、東経100度38分の地点でイギリス海軍フリゲートの爆雷攻撃で沈められた。

セレター軍港での引き渡しの際、艦長の山中少佐は乗組員たちに述べた所懐で「8月14日ヲ以テ独人トノ協同訓練ヲ了シ爾後《じご》益々猛訓練ノ度ヲ加ヘ3週間後ニハ戦備将《まさ》ニ完《まった》カラントス」という言葉を残している。

最終的にU862／伊502の撃沈スコアは、輸送船7隻、4万2374トンだった。

戦後の1956年（昭和31年）、ティムはドイツ連邦海軍（西ドイツ海軍）に入隊、1966年（昭和41年）に引退するまでに大佐の階級にあった。イギリスから供与された訓練用フリゲート「シャルンホルスト」の艦長も務めている。

1974年（昭和49年）、ティムはブレーメン近郊のアクスシュテットで63歳の生涯を閉じた。

「ドイツから最も遠い場所に行ったUボート」にして「日の丸を掲げたUボート」、U862の船体は、今でもマラッカ海峡の水深95mの海底に横たわっている。

余録　日本海軍パイロットが遭遇した「アラフラ海のUボート」の謎

最後に本節の余録として、ドイツ海軍のUボートとオーストラリアにまつわる、不思議なエピソードを紹介させていただく。

日本では昭和の末から平成初期にかけて、従軍経験者による戦争エッセイの刊行が相次いだ。そのうちの一つに、予科練出身で元第七〇五海軍航空隊の陸上攻撃機搭乗員・市川靖人氏の『ああ、海軍ばか物語』（万有社、1989年）がある。氏の戦争での体験（多少の猥談《わいだん》を含む）を面白おかしく綴《つづ》った作品である。

1944年1月23日、市川氏の搭乗していた陸攻は、ニューギニア島南岸とオーストラリア北岸の間に広がるアラフラ海、その北側のカイ諸島（ケイ諸島）のラングール基地に進出していた。市川氏が所属していた七〇五空は当時、ビルマやインド洋をはじめとする南西方面での作戦に参加しており、蘭印を拠点に活動していた。市川氏は前日22日にラングール基地に到着し、その日、敵機動部隊の索敵のために同基地を離陸、アラフラ海の哨戒に従事した。しかし飛行中、敵機の襲撃を受けて被弾、カイ諸島の東のアルー諸島沖に不時着した。

救命ボートの確保に失敗した市川氏ほか2名は、機体の残骸につかまって漂流していた。このままでは死を待つだけ……と思いきや、突然、彼らの目の前にドイツのUボートが浮上、彼らを救出した。

Uボートはアラフラ海からスラバヤに向かう途中だという。市川氏たちはカタコトのドイツ語とジェスチャーで感謝の意を伝えた。ドイツ人たちは笑顔で応じ、黒パンと鶏のスープを食べさせてくれた。

その後、Uボートは無事にスラバヤに到着し、市川氏たちは九死に一生を得て原隊に復帰することができた。

果たして、読者諸兄はこれをどう思うだろうか？

時系列で言えば、1944年1月は、いまだドイツ海軍のUボートがペナン島を拠点に活動をしている時期であり、蘭印を超えてオーストラリア沖で活動するとは考えにくい。

そうなると、市川氏の記したエピソードと整合性が取れなくなるが、市川氏は七〇五空の生存者たちが記した同隊の戦史の編纂にも関わっており、嘘を吐けばすぐに関係者に露見することを踏まえれば、全くの創作とも考えづらい。

この「1944年1月の、アラフラ海のUボート」の正体は何だったのか……Uボートとオーストラリアというテーマには、まだまだ未知の領域が残っているようである。

U862の正面からのカット。ⅨD2型の艦橋形状の詳細が分かる。艦橋前部にはU862のエンブレムである「魚雷を包んだ『テュータ』と煙突掃除人」が描かれている。銃撃の痕跡があることから、インド洋でカタリナと遭遇した後だろうか。(Wolfgang Ockert)

洋上航行中のU862。「Uクルーザー」の別名を持つⅨD2型の巨大さが如実に表れている。艦橋後部の増設された対空機銃座は「ヴィンターガルテン(「冬の庭」または「温室」の意)」と呼ばれ、U862の場合、2cm対空砲2門と3.7cm対空砲1門が装備された。伊502となった後も、兵装に変化はなかっただろう。(Wolfgang Ockert)

日本陸軍の将校とともに、野外での食事を楽しむティム艦長（右端）。おそらくシンガポールかペナンでの交流会を撮影したものだろう。ティムのおどけたような表情が、彼の陽性の気質を表している。（Wolfgang Ockert）

左手に煙草を持ってリラックスした様子のU862乗組員。おそらくペナン到着後、マラッカ海峡を通過中の１枚だろう。実はマラッカ海峡はイギリス潜水艦の待ち伏せが多く、複数の枢軸側の潜水艦が沈んでいる危険な水道なのだが、あまりその実感はないようだ。（Wolfgang Ockert）

極東到着後のU862の乗組員たちの集合写真。中央にはU862艦長のティムの姿がある。ペナン、シンガポール、バタヴィアのどこかでの撮影と思われる。幸い、U862の乗組員はほぼ全員が無事に終戦を迎え、戦後ドイツに帰還した。伊502となった後の日本人への指導に、彼らの多くが参加したはずである。
(Wolfgang Ockert)

ドイツ技術博物館に展示されているFa330。一見するとヘリコプターのようだが、Uボートと接続されたコードで艦から電気を送ってローターを駆動させるため、本当に凧のようにUボートと繋がりながら飛ぶ必要がある。もし、Uボートが敵に見つかれば、Uボートは潜航しなければならないため、最悪見捨てられる可能性もあり得る……。
(Phillip Wengel)

終戦後の1945年9月25日、シンガポールのセレター軍港に係留されている重巡「妙高」。右舷に2隻の潜水艦が横付けされており、左が伊501(U181)、右が伊502(U862)。その後、伊501は1946年2月12日、伊502は2月15日、「妙高」は8月10日に、いずれもイギリス軍の手でマラッカ海峡に沈没処分とされた。

かなり有名な写真。終戦後、シンガポールに停泊していた日本海軍の重巡「妙高」にイギリス海軍の将官たちが訪問した際、「妙高」に接弦していた伊502(U862)の乗組員たちがこれを整列して出迎えたシーン。終戦時、伊502の乗組員が揃っていたことや、シュノーケル基部の形状など、情報量が多い。ちなみに、この写真は左右反転している。

第二節 「南海のドイツ海軍」に残された謎(!?)U168

ハニートラップに負けたUボート(?)

1980年代から1990年代中盤にかけて刊行されたミリタリー書籍に「朝日ソノラマ戦史シリーズ」がある。その名の通り、株式会社朝日ソノラマが刊行していた、戦史をテーマにした文庫のシリーズである。

当時、出版社としての朝日ソノラマはこの他にもソノラマ文庫や特撮雑誌「宇宙船」などを手掛け、一時期は出版業界に大きな牙城を築いていた。しかし、2000年代以降は業績が低迷し、2007年(平成19年)に廃業、朝日新聞出版本部に事実上吸収合併された。

第一章第三節で紹介した『U-ボート977』は、まさにこの「朝日ソノラマ戦史シリーズ」の一冊だ。繰り返しの説明になるが、その内容は、第二次大戦の後半で活躍したUボート、U977の戦歴を、U977の艦長だったH・シェッファー(表記ママ)元中尉が作者となって語るというものである。

U977はハインツ・シェッファーの指揮の下、大戦末期にアルゼンチンへの航海を行い、そこで降伏した。しかし戦後、主に西側で「U977はヒトラーを南米に運んだかも知れない」という疑いがかけられたため、それを払拭《ふっしょく》するために、この本が艦長であるシェッファー自らの手で執筆されたという。

そして、これも第一章第三節で話題にした事柄だが、同書には巻末に、東南アジアでのドイツ海軍の活動を記した「南海のドイツ海軍」という短いルポタージュが付随している。

著者である横川文雄氏は大戦中、駐日ドイツ大使館海軍武官室に勤務していた人物で、1944年(昭和19年)から1945年(昭和20年)にかけて蘭印(オランダ領東インド)のジャワ島・スラバヤで勤務していた。おそらくはこの縁によって『U-ボート977』の翻訳に携わることになり、また、その付録として自身の思い出を綴《つづ》った「南国のドイツ海軍」が掲載されることになったと思われる。なお、横川文雄氏は上智大学の名誉教授であり、また、手がけた訳書のほとんどは海外の登山小説で、著者が把握しただけでも40冊近い山岳小説の翻訳・出版に関わっている辣腕《らつわん》の翻訳家である。

第一章第三節では、「南海のドイツ海軍」に記されたU183の伝説について紹介したが、実は同書には、他のUボートについても気になるエピソードが記されている。

「さて、ペナン基地にはドメス少佐の率いる潜水艦と、ピピ少佐の率いる潜水艦とが入港してきた。(中略)ピピ少佐の艦は、ペナン、シンガポールを経て、1944年9月バタヴィアに到着した。《U・ピピ》(ドイツ海軍ではU・ボート「潜水艦」を艦長の名で呼んだので以下このように記すことにする)は、やがてスラバヤのドックに修理のため回航され、その後、オーストラリア水域へ出撃して、日本海軍とともに闘うようになっていた」

「ちょうどこの頃ジャワでは、美しい華やかな火焔樹の花が今を盛りと咲き乱れて、刺激的な風物の色彩をいやが上にも盛んなものとしていた。異国風の街には、美しい瞳の乙女たちがしなやかな肢体を薄い衣服に包み、青春を楽しんでいた。

苦しい数十日を、ただ来る日も来る日も水の中で暮らし続けていたドイツの若人にとって、ジャワは地上の天国のようにさえ感じられたであろう。いつしか彼らの戦闘員としての緊張した気持ちもとかくゆるみがちになっていった。

バタヴィアでは、旧ドイツ領事館の豪壮な建物が、そのままドイツ潜水艦基地隊のために使われていた。ここからほど遠くない街の入り口に《ブラック・キャット》というキャバレーがあった。ここにも魅力的な黒い瞳を輝かせた混血の娘たちが、ゲルマンの勇士をいそいそと歓迎していた。

ジャワはおびただしい人種の混血が見られる国で

ある。（中略）これは、まさに美しく魅惑的なスパイの天国ともいえよう」

「はたで見ている者は、おやおやと思わざるを得なかったが、無邪気そのもののゲルマンの勇士たちはスラバヤ向けの出航を明日に控えて、キャバレー《ブラック・キャット》の娘たちに花束を贈って別れを惜しんだ。

翌日、《U・ピヒ》はひそかに出港してスラバヤに向かい、ジャワ海を東へと進んだ。しかし、はたせるかな、スマランの沖を過ぎてパティ近傍にさしかかった時、同艦はイギリスの一等潜水艦の魚雷攻撃を受けて、あまりにもあっけなく40mの水底に沈んでいった。このイギリス潜水艦は、明らかに《U・ピヒ》の行動をあらかじめ知っていたもののようである」

直接的には言及していないものの、横山氏の文章は、《U・ピヒ》なるUボートの動向の情報が、《ブラック・キャット》キャバレーの女性たち、その中でも連合軍に通じたスパイたちの手によって敵に筒抜けになり、それによって《U・ピヒ》が沈められたと想像が及ぶものとなっている。

ここで話題となっている《U・ピヒ》の正体は、「モンスーン」グループの1隻として1943年（昭和18年）にドイツを発《た》ち、インド洋に辿り着いたヘルムート・ピッヒ少佐率いるU168である。

U168の最期については、横山氏の記述に矛盾はない。

しかし、キャバレー云々の話が事実ならば、U168は女の子たちと仲良くしたことで……つまりは「密の罠（ハニートラップ）」に負けたことで沈んだ、不名誉なUボートとなってしまう。

一方で、いかに前線から遠く離れた東南アジアの基地とはいえ、そうした出来事が本当にあったとはにわかには信じがたい。とはいえ、何の根拠もなく、このエピソードが生み出されたとも思えない。

インドネシアに辿り着いたU168に、何が起きたのだろうか？

U168の建造と艦長ヘルムート・ピッヒ少佐

U168は巡洋攻撃型Uボート、IXC／40型の1隻として建造された。

建造所はデシマーク社のブレーメン造船所。1940年（昭和15年）10月1日に建造が開始され、1941年（昭和16年）3月15日に進水、同年9月10日にドイツ海軍に編入された。艦長はヘルムート・ピッヒ少佐である。

IXC／40型Uボートは、ドイツ海軍が戦前から建造を開始していた中距離～遠距離用のUボート、IX型の型式の一つである。水上排水量1144トン、全長76・76m、全幅6・86mで、魚雷発射管6門（艦首4門、艦尾2門）を主兵装とする。

航続距離は水上において10ノットで1万3850浬、水中では4ノットで63浬。大戦前半のドイツ海軍の中では比較的大型に属する潜水艦である。

IXC／40型は初期型のA型、B型の航続距離を延長したC型の発展型で、さらに航続距離が伸びている。デシマーク社とドイチェ・ヴェルフト社（ハンブルク）で合計160隻が起工され、終戦までに89隻が就役した。ドイツ本土において日本海軍に譲渡されたUボート、呂501ことU1224もIXC／40型の1隻である。

後にドイツ海軍は、IXC型をさらに拡大・発展させたIXD型の量産に着手する。インド洋で作戦を行ったUボートの大半は、このIXD型か、IXD型に準じる性能のIXC型・IXC／40型である。

U168の艦長、ヘルムート・ピッヒ少佐は1914年（大正3年）6月26日、東プロイセン・ラステンブルク（現在のポーランド領ケントシン）近郊のバビエニエツに生まれた。

1934年（昭和9年）、ピッヒは海軍士官学校に入り、士官候補生となる。1939年（昭和14年）までいくつもの訓練部隊や実戦部隊を経た後、第二次大戦開戦直後の1939年9月、ドイツ空軍へと編入され、1941年4月1日から第126海上偵察飛行隊第2中隊の中隊長として配置された。

第126海上偵察飛行隊は洋上偵察を主任務とす

るドイツ空軍の航空戦力の一つで、アラドAr196やハインケルHe60水上偵察機を運用していた。ドイツ空軍の海上偵察飛行隊には多くのドイツ海軍の人員が出向しており、ピッヒもその一人だった。

1941年10月、ピッヒは古巣の海軍に戻り、Uボートの乗組員となるべく翌年3月まで訓練を行った。続いて3月から6月まで、ピッヒはヴィクトル・シュルツ少佐率いるⅨB型Uボート、U103の研修士官となって大西洋での戦いを経験し、6月からはU168の建造指導に参加。10月に晴れてU168の艦長に就任した。

ピッヒはドイツ海軍において、礼儀正しく、重圧の中でも冷静で物静かな人物だとされていた。後述するU168沈没後に連合軍がピッヒに行った尋問の調書でも、ピッヒは非常に丁寧かつ落ち着いた態度と語り口ながら、名前と階級以外のいかなる発言も拒否しており、彼の慎重さと意志の強さ、つまりは指揮官としての有能さが窺える。また、乗組員にも大いに好かれていたようだ。

ちなみに1941年6月、ピッヒの生まれ故郷に近いラステンブルク郊外の東約8㎞の森林の中に総統大本営の一つ、『狼の巣（ヴォルフスシャンツェ）』が建造され、現在でもその遺構が観光スポットとなっている。また、戦後はドイツからポーランドに支配者が代わった区域であり、ピッヒは大戦で故郷を失った人物の一人ということになる。

大西洋での初陣とインド洋への遠征

1943年3月9日、U168は初の出撃を果たした。目的地は北大西洋。他のUボート群と協力して、通商破壊戦を実施することが任務だった。

当時、大西洋の通商破壊戦は最高潮に達していた。ドイツ海軍は多数のUボート群を北大西洋に配置、アメリカ本土とイギリス本土を往来する輸送船団を襲撃し、大きな戦果を挙げていた。連合軍はこれを多数の護衛艦艇や基地航空隊で抑え込もうとしたが、北大西洋の中央部は基地航空隊のエアカヴァーが届かない海域で、Uボートたちは頭上の脅威を気にすることなく攻撃が行えた。

例えば、2月21日から25日にかけて、イギリス本土から北米への航路上で18隻のUボートに襲われたON166船団は、63隻の貨物船のうち14隻（8万7994トン）を失った。続いて2月24日にニューヨークを出港したSC121船団は3月6日から14日までの間に12隻（5万5673トン）を喪失。3月には大戦を通じて最大規模の通商破壊戦となったHX229船団とSC122船団（両者は大西洋で合流し、共にイギリスに向かった）との戦いが生じ、ドイツ海軍は総勢110隻となったこの船団を襲うために3グループ41隻のUボートを差し向け、22隻（9万3502トンと5万3694トン）の戦果を挙げた。

U168は、こうした大戦果を挙げ続けている海域に赴いたのである。

だが、幸運の女神はU168に微笑まなかった。

3月21日、U168は北大西洋に展開するUボート群、「ゼートイフェル」グループに参加した（ゼートイフェルは「海の悪魔」の意味）。当初は8隻、最終的に15隻にもなる一大Uボート群である。

標的は北米ニューヨークからイギリス本土のリヴァプールまでを航行するHX230船団。46隻の輸送船と21隻の護衛艦で構成されていた。

残念ながらU168を含めたドイツ海軍の攻撃は振るわなかった。なぜならば北大西洋の悪天候により、まともな攻撃が不可能となったからだ。「ゼートイフェル」グループの戦果はわずか1隻だった。

その後、U168は「レーベンヘルツ（「ライオンの魂」の意味）」グループ、「ラルケ（「ヒバリ」）」グループ、「シュペヒト（「キツツキ」）」グループ、「フィンチ（「ズアオアトリ」）」グループに参加、北大西洋での船団襲撃に参加するが、この時期を境に敵船団の護衛戦力が格段に強化され、活躍の機会を得られなかった。

結局、U168は5月6日、北大西洋で補給用Uボート、U459から燃料を供給され、同じ日のうちに帰還を開始。5月18日、戦果ゼロのまま、フランスのロリアン軍港に到着した。

数カ月の休暇の後、U168に新たな任務が与えられた。目的地はインド洋。「モンスーン」グループの一員となり、インド洋において通商破壊戦を実施することになったのだった。

7月3日、U168はロリアンを出撃、対潜警戒の厳しいビスケー湾を無事に突破して大西洋に進出、インド洋に向かった。「モンスーン」グループ第一波には他に8隻のUボートがあり、順次ヨーロッパからインド洋に向かっていた。しかし、補給計画の混乱や連合軍の迎撃により多くのUボートが撃沈されたり、途中で引き返したりすることになった。

この遠征でのU168は幸運だった。途中、補給用Uボートとの合流に手間取ったものの、無事にこれを済ませ、9月にはインド洋に到達。10月にはインドのボンベイ(ムンバイ)沖に達し、2日、イギリスの輸送船「ハイキン」を撃沈、初戦果を飾った。

その後、何隻かの小型ヨットを砲撃で沈め、11月3日、インド南部のコーチ沖でカタリナ飛行艇の攻撃を受けて船体をわずかに損傷。その後、5日間の執《しっ》拗《よう》な追撃を受けるもこれを回避。11月11日、131日の航海を経てペナンのジョージタウンに到着した。おそらく、他のUボートと同様に、U168も現地の日本海軍、ドイツ海軍の盛大な歓待を受けたことだろう。

「モンスーン」グループ第一波のうち、無事にペナンに到着したのは、U168を除けば、U183、U188、U532の3隻だけだった。

インド洋での活躍と蘭印への進出

ペナンに到着後、U168は次期作戦に備えた休養に入った。乗組員は日本側が用意した保養地で身体を休め、Uボートは整備を行う。

この間に、ドイツから持ち運んだ物資の搬出や、ドイツに帰還する際に運び込む予定の東南アジア産のレアメタルの搭載も行われたと思われる。ジャク・P・モールマン・ショウェル『U-Boats of the Second World War:

『Their Longest Voyages』（Fonthill Media、２０１７年）によると、Ｕ１６８には欧州帰還に備えて、大量のタングステン、29トンのアヘン、マラリアの特効薬であるキニーネやビタミン剤が積載されたという。

ペナンでの暮らしについては、後述する、Ｕ１６８沈没後に連合軍の捕虜となった乗組員たちの尋問調書に詳しく記されている。

ペナンにおいて、Ｕ１６８をはじめとするドイツ海軍のＵボートはジョージタウンのスウェッテナム桟橋に繋留されていた。この桟橋は日本海軍の潜水艦部隊も利用しており、Ｕボートは桟橋の東側（マレーシア本土の側）に停泊していた。

停泊しているＵ１６８には、全乗組員のうち、少なくとも下士官兵の３分の１、士官の一人が常駐し、保守を担っていた。

Ｕ１６８への水や燃料の補給はこの桟橋で行われた。厄介なのが燃料の補給で、日本人やマレーシア人が操る艀《はしけ》から行われるものの、配給は常に遅く不確実であり、Ｕボート側はペナンのドイツ海軍本部（ドイツ海軍武官室）にかなり前から申請を行う必要があった。燃料補給の実際の作業は乗組員たちによって行われた。

桟橋に繋留されたＵボートに日本の将兵や民間人が乗り込むことは基本的に禁止されていたものの、時にペナンのドイツ海軍本部の許可を得て、日本側の士官が公式に訪問することがあった。ただ、この訪問はドイツ側にとって好ましいものではなかったようで、Ｕ１６８艦長のピッヒも、日本人の乗り組みを一切認めないよう厳命していた。Ｕボート艦長たちが日本側の訪問を不快に思った事例は前節で紹介したＵ８６２と同様である。

乗組員の多くはペナンの保養地で休養を取っていたが、将校たちはジョージタウンのドイツ海軍本部にも出入りし、そこで食事をしていた。また、彼らは近くの中華料理屋に通ったり、日本海軍士官から近くの〝日本海軍クラブ（水交社）〟に誘われて一緒に食事をしたりもした。ドイツ側から日本側を誘ってパーティを行うこともあった。また、レクリエーションとして、〝日本海軍クラブ〟でテニスをしたり、市街で行われる競馬を見に行ったり、海水浴をしたりした。ペナンでは艦長に1台、他の士官たちに1台ずつの自動車が与えられた。運転手はマレー人だった。

ペナンはUボートの乗組員たちにとって楽園に等しい場所だったが、ヨーロッパの気候とはかけ離れた地であり、健康の維持が課題となった。乗組員たちにはチフスやコレラなどの予防接種がペナンや後述するバタヴィアに戻るたびに行われた。また、沸かした水以外を飲まないこと、屋台で果物を買わないこと、現地の人々から食べ物をもらわないことなどが指示された。ペナンにドイツ人向けの病院はなく、何かしら健康を害した場合、日本人の病院に送られた。

約2カ月後の1944年1月28日、英気を養ったU168はペナンを出撃、インド洋へ向かった。「モンスーン」グループのインド洋派遣の目的である、通商破壊戦に乗り出すためだ。

だが、この出撃はわずか数日で打ち切られることになった。

U168の第1士官が急性中耳炎になってしまい、任務が不可能となってしまったからだ。乗組員が数十名しかいないUボートにとって、士官の病気は致命的だ。U168は2月3日にペナンに帰還し、第1士官は入院を余儀なくされた。

次の出撃のためには欠員を補充しなければならない。U168はペナンとの交渉により、現地の基地要員だったコンラート・ホッペ大尉を臨時の第1士官として迎え入れることになった。

コンラート・ホッペはペナンにおいて、いわくつきの人物だった。

彼はピッヒにとって海軍士官学校で一期下（つまり、1935年の入校）の後輩で、またピッヒと同じく、かつてドイツ空軍に出向していたドイツ海軍軍人だった。

大戦前半、ホッペは第196艦載飛行隊第5中隊（ドイツ海軍の艦艇で運用されるドイツ空軍の水上機部隊）に所属し、1940年4月から仮装巡洋艦「ヴィダー」、10月から同「ミヒェル」の飛行長となり、アラドAr１９６水上偵察機に乗り込んで通商破壊戦で活躍した。

その後の１９４３年春、「ミヒェル」が日本に立ち寄った際に下船し、日本海軍の空母部隊、第三艦隊の母艦航空隊（空母艦上機部隊）の訓練部隊である第五十航空戦隊を訪れ、空母「グラーフ・ツェッペリン」建造の研修のために訓練に参加した。本人の回想によると、第一航空戦隊の空母「瑞鶴《ずいかく》」にも乗り込んだとしている。

さらにその後、ドイツ海軍の拠点が設けられたペナン島に向かい、基地の設営に協力した。ペナン基地の運営には日本海軍の協力が不可欠であり、日本海軍をよく知る立場のホッペはドイツ側を代表する交渉役として適任だったと思われる。

１９４４年２月初め、ホッペはピッヒにスカウトされ、U１６８の第１士官となった。

ホッペは潜水艦乗組員としての経験は皆無だったが、ドイツ海軍の人材が不足しているインド洋では背に腹は代えられなかったのだろう。しかし、ホッペはこのU１６８の勤務を立派にやり遂げることになる。

２月７日、U１６８は再度出撃、インド洋での通商破壊戦を開始した。

U１６８がその艦歴で最大の戦果を挙げたのはこの出撃においてだった。U１６８はセイロン島からモルディブ諸島近海を哨戒し、立て続けに３隻の輸送船を撃沈破した。U１６８の実力がようやく発揮されたのである。

３月11日、U１６８は補給船「ブラーケ」と合流、給油を行うことになった。これと同時に、僚艦で共に「モンスーン」グループ第一波に参加したU５３２、U１８８も「ブラーケ」との給油を目指す。U５３２、U１８８はともにこの補給で燃料を得て、ヨーロッパに帰還する予定だった。U１６８も同様にヨーロッパに帰るつもりだったのだろう。

だが、悪天候のためU１６８の合流は遅れ、補給が受けられたのは先着していたU５３２とU１８８

だけになってしまった。しかも、途中で敵機が「ブラーケ」を発見したため、U532とU188は共に「ブラーケ」から離脱しなければならなかった。

U168が浮上した時、そこにはイギリス駆逐艦によって撃沈された「ブラーケ」の乗組員が大量に浮かんでいた。ピッヒは彼らの救出を決断した。

U168に救出された「ブラーケ」の乗組員は100名から150名と言われている。この数には他のUボートに救出された乗組員も含まれているようだ。どちらにしろ、1隻のUボートが艦内に詰め込むには、あまりに大量の人数だった。しかも、「ブラーケ」の乗組員たちの多くは負傷し、痛みに苦しんでいた。

敵の追撃が予想されたため、U168は潜航しての退避を余儀なくされた。結果、艦内の大気状況は瞬く間に悪化。U168の乗組員たちと「ブラーケ」の元乗組員たちはかつてないほどの酸素不足にあえぐことになった。艦内は立錐《りっすい》の余地もなく、ごく一部の人間しか座ることができなかった。あまりに過酷な環境のため、体調を崩す者が続出し、例えば「ブラーケ」の船長は心臓発作を起こした。しかし、それでもピッヒをはじめとするU168の乗組員たちは「ブラーケ」の負傷者たちを治療し、艦の維持に努めた。

ピッヒたちの努力の甲斐あり、3月24日、U168はドイツ海軍の基地がある蘭印のバタヴィアに到着した。「ブラーケ」の救出劇は日本側でも有名となったようで、冒頭で紹介した「南海のドイツ海軍」でも、そのエピソードが紹介されている。しかし、情報の伝達ミスがあったようで、筆者の横川文雄氏はそのUボートをU537と誤認して記している。当時の極東では多数のUボートが活動しており、また、日本側はドイツ側からの報告でしかUボートの動きを掴めないため、こうした情報の食い違いは避けられなかったことだろう。

U168、沈没！ オランダ潜水艦の伏撃

蘭印のバタヴィアはドイツ海軍の新たな拠点だった。当時、ペナンはイギリス海軍の潜水艦による封

鎖を受けており、Ｕボートの拠点としては危険な場所になっていた。ドイツ海軍は、Ｕボートをペナンからバタヴィアに移動させつつあった。

前回の出撃でＵ１６８の第１士官として活躍したホッペはここで退艦し、本来の第１士官と交替した。この後、ホッペはスラバヤの基地司令となり、翌年５月の終戦を迎えることになる。

Ｕ１６８はバタヴィア北部のタンジュン・プリオク軍港に繋留された。乗組員はペナンと同様に当直の人員以外はバタヴィアの市街で暮らした。燃料補給もペナンと同じく艀から行われた。

Ｕ１６８はその後、半年余りの時間をバタヴィアで過ごした末、10月に修理のためにスラバヤに移動することになった。この時期、ドイツ海軍では極東に残されていたＵボートを用いてオーストラリア西方の海域で通商破壊戦を実施する計画が持ち上がっており、Ｕ１６８もそれに合わせて出撃するために、艦のオーバーホールを行う必要があった。

10月５日、Ｕ１６８は半年ぶりにバタヴィアを出撃、西方のスラバヤに向けて航行を開始した。

スラバヤに向かうに当たり、Ｕ１６８の艦長ピッヒは、現地の日本海軍と入念な打ち合わせを行い、誤認による攻撃がないように努めた。Ｕボートは日本海軍の伊号潜水艦と大きく異なる形状・迷彩塗装で、日本海軍の艦艇・対潜哨戒機に発見された場合、即座に攻撃されてもおかしくなかった。これを避けるため、日本海軍に航路、速力などの詳細な情報を提供し、配慮を求めたのである。

だが、これがＵ１６８にとって最後の航海となった。

10月６日の日の出直後、ジャワ海を水上航行していたＵ１６８は、突如として６本の魚雷による攻撃を受けた。

Ｕ１６８を攻撃したのは、オランダ海軍の潜水艦「ズヴァードヴィッシュ（日本語で「メカジキ」の意味。英語では「ソードフィッシュ」）」だった。

「ズヴァードヴィッシュ」は元々イギリス海軍のＴ級潜水艦の１隻として１９４２年（昭和17年）10月に建造が開始されたが、建造途中の１９４３年３月にオランダ海軍への譲渡が決まり、同年7月に完成、11月にオランダ海軍に正式に編入された。当初は北海で哨戒任務に就いていたが、1944年7月から極東での任務に就き、蘭印周辺で哨戒任務に参加していた。この間、敷設艦「厳島《いつくしま》」など3隻の日本艦船を撃沈、敷設艦（急設網艦）「若鷹《わかたか》」を損傷させている。艦長はヘンドリクス・アブラハム・ヴァルダマー・ゴーセンス中尉である。

9月26日、ゴーセンスに率いられた「ズヴァードヴィッシュ」はオーストラリアを出撃、蘭印周辺での2度目の哨戒任務に就き、その6日後にロンボク海峡を通過、ジャワ海に進入した。その後、連合軍からU168の動向についての情報を受け取り、その捕捉のためにバタヴィア沖に接近していた。6日早朝、「ズヴァードヴィッシュ」は事前の情報からわずかな時間差でU168を捕捉、攻撃を実施した。

当時、U168の甲板上には20名近い乗組員たちが見張りのために上がっていたが、夜明け直後だったため、「ズヴァードヴィッシュ」の奇襲に気付けなかった。U168が回避運動を行う前に、魚雷の1発が前方の魚雷室に命中、爆発し、続けて2発目の魚雷が船体に直撃、しかしこれは爆発しなかった。

魚雷の爆発によって艦の前部に生じた破口から浸水し、U168は艦首から急激に沈み始めた。甲板上の乗組員たちは振り落とされ、艦内に残っていた者は脱出を図ったが、艦の前部に乗り込んでいた者たちにはそのチャンスはなかった。U168は艦首を下にしてゆっくりと海底に沈んでいった。乗組員の一部は、艦内に閉じ込められたままだった。

海上に漂う乗組員の生き残りは27名だった。間もなく、U168を撃沈した張本人である「ズヴァードヴィッシュ」が浮上し、27名全員を救助した。この海域が日本海軍の支配領域であることを考えればかなり危険な行為だったが、歴戦の艦長であるゴーセンス中尉はそれが必要だと感じていた。彼もまた、危険を冒して「ブラーケ」の乗組員を救助したピッヒと同じ、騎士道精神に溢れた、称賛されるべき人物だったと言える。

ただ、ゴーセンスも軍人としてなすべきことをなさなければならなかった。

　ゴーセンスは救助した乗組員のうち、Ｕ１６８の頭脳である四人の士官と負傷していた一人の水兵を捕虜として拘束し、残りを小型船舶に乗せて逃した。解放された22人はほどなくジャワの海岸に辿り着き、日本海軍とドイツ海軍に収容された。

　捕虜となったピッヒたちは監禁され、連合軍の尋問を受けた。ピッヒが解放されたのは１９４７年（昭和22年）３月のことである。

　Ｕ１６８を撃沈し、敵兵を救助するという人道的振る舞いを見せたゴーセンスは、これを高く評価され、１９４４年12月８日、オランダでも特に名誉なウィレム軍事勲章を授与された。

Ｕ１６８に何が起こったのか？

　以上のように、Ｕ１６８は「ズヴァードヴィッシュ」の待ち伏せを受けて沈没した。そして「ズヴァードヴィッシュ」は、事前にＵ１６８の動向について、正確な情報を受け取っていた。これはＵ１６８の行動予定が連合軍側に漏れていたことを意味している。

　冒頭で紹介した「南海のドイツ海軍」で記された、Ｕ１６８に関するエピソードはここに繋がっている。日本側もＵ１６８が敵に完全な待ち伏せを受けたと判断しており、その原因を、Ｕ１６８の乗組員がバタヴィアで現地住民と交流し、スパイに情報が渡ったことと考えていたと思われる。

　ただ、実際に起こった出来事と、この推測には乖《かい》離《り》があるようだ。

　連合軍はＵ１６８が日本側に提供し、日本側がその実行のために各部隊に送信した「味方撃ちを避けるための、Ｕ１６８の行動予定の詳細」の電文を解読し、Ｕ１６８の航路を予測していた可能性が高い。連合軍はこれにより、Ｕ１６８の出発時刻と到着時刻、予定針路と速度まで把握していた。「ズヴァードヴィッシュ」の見事な待ち伏せは、この情報のおかげだろう。

U168は、同盟軍である日本海軍の防諜《ぼうちょう》能力の低さゆえに失われたと言える。

とはいえ、バタヴィアに滞在したU168の乗組員たちが、日本側が不審を抱くような行動を取っていたことも事実のようだ。

「南海のドイツ海軍」に記されている通り、U168の乗組員たちはバタヴィアでの生活の中で、キャバレーをはじめとする歓楽施設の民間人と容易に接触できる状態にあった。ドイツ海軍は防諜を徹底し、民間人との接触を戒めていたはずだが、あまり効果はなかったらしい。当時の日本海軍としても、その状況にあまり好ましくない感想を抱いていたようだ。

バタヴィアでのU168の乗組員たちの生活については、ドイツ側の他のUボート乗組員の回想にも記されている。

U168と同様にインド洋で作戦を行っていたUボートの1隻で、当時バタヴィアのタンジュン・プリオク港に停泊していたU181の第2士官だったオットー・ギーゼは、その著書「Shooting the War」（U.S. Naval Institute Press、2003年）で、U168の沈没とそれに関する騒動についてこう書き残している。

「突然、フライヴァルト（引用者注：U181艦長クルト・フライヴァルト中佐のこと）はバタヴィアに呼ばれた。前日の10月5日、U168はそこからスラバヤまで航行し、オーストラリア周辺でU537、U862との作戦に備えて修理を行う予定だった。U168はそれ以前も修理のためにバタヴィアにいて、乗組員は原住民と欧亜混血人の多くと親密な関係になった。

出発の直前、士官のうちの一人が指揮官または他の士官に話すことなく、内緒でインドネシア人カップルをUボートに乗せて観光させた。そして6日、スラバヤから約100マイル（約161km）の地点、サマランガの近くで、Uボートはオランダの潜水艦『ズヴァードヴィッシュ』によって魚雷攻撃を受けた。28人の兵士がボートから逃げ、ボートは約150フィート（45・72m）下の海底に沈んだ」

「オランダ人はドイツのUボートの動きについて驚く

ほどよく知らされていた。彼らはボートの乗組員を楽しませていた女の子の数人の名前さえ知っていた。U168がスパイの犠牲になったことはもはや疑いようがなかった」

フライヴァルトがバタヴィアに呼ばれたのは、ドイツ海軍司令部で事の顛末《てんまつ》を聞き、自分の乗組員たちに注意喚起を行うためだったかも知れない。

「ズヴァードヴィッシュ」が入手したU168の情報の出所が、解読された日本軍の電文だとすれば、ギーゼ、そして恐らくはフライヴァルトが信じていた「U168がスパイの犠牲になった」という認識は誤りとなるだろう。しかし、U168の乗組員たちと地元住民との交流が、ドイツ海軍側でもU168撃沈の直接的原因と捉えられるほどの頻度となっていた可能性がある。ただ、オランダ側が「ボートの乗組員を楽しませていた女の子の数人の名前さえ知っていた」という話は、連合軍が地元住民にスパイを紛れ込ませていたという証明にはなるが、U168の動向の子細を把握した要因は、やはり電文の解読ではないだろうか。

この傾向をさらに明確に示した資料も残されている。

他でもない、連合軍の捕虜となったU168の士官たちが、尋問の際に連合軍に語った内容を記した尋問調書だ。

前述の通り、この尋問においてピッヒ、そして二人の士官は基本的に軍務については黙秘を貫いたが、ただ一人、U168の機関長だけは日本軍と、日本軍が提供した各基地の状況について赤裸々に供述している。どうやら彼は、アメリカ人やイギリス人とドイツ人が区別できず、そうであるがゆえに差別的な態度を見せ、さらには一般の現地住民に暴行を加えることをいとわない日本人を軽蔑しており、機密保持について何の命令も下されていない日本軍の内情については喋《しゃべ》っても構わないと認識していたようだ。

機関長によると、バタヴィアには「ブラック・キャット」をはじめとするキャバレーだけでなく、いくつかのバーやレストラン、日本軍将校が利用する売春宿があり、そこで多くの女性たちが働いていること、日本人による暴力を頻繁に受けていたことを証言した。また、尋問調書には、機関長が口にした、地元住民の悲惨な境遇の話や、それへの同情の言葉も記されている。バタヴィアにおける日本軍の状況についても、かなり赤裸々に連合軍側に語っている。

Ｕ１６８の機関長が、ギーゼの回想に残された「地元住民をＵ１６８に連れ込んで観光させた」士官とイコールかどうかは判然としない。しかし、両者を合わせて考えると、やはり、Ｕ１６８と地元住民との交流が、通常では看過しえないレベルとなっていたことが察せられる。言うなれば、バタヴィアのＵ１６８は規律が緩んだ状態となっていたのだろう。

バタヴィアのＵ１６８が軍紀の面であまり好ましくない状態となったのは、バタヴィアでの半年以上にわたる長期の暮らしが原因と思われる。

いみじくも「南海のドイツ海軍」で横川文雄氏が語っているように、バタヴィアは魅力的な観光地だった。Ｕ１６８がバタヴィアに滞在していた１９４４年春から冬にかけては、マリアナ沖海戦やレイテ沖海戦などの大規模な海戦で日本側が大敗を続ける時期だったが、バタヴィアへの空襲は少なく、Ｕ１６８の乗組員は戦争による死の危険をあまり感じることなく市内で過ごすことができていた。また、バタヴィアにドイツ人はほとんどおらず、相互監視の目も少なかった。こうした状況では、規律が緩んだとしても仕方がない。

Ｕ１６８が半年間もバタヴィアに滞在することになった理由については、大きく分けて二つが考えられる。

一つはＵ１６８自体の不調である。Ｕ１６８と同様にオーストラリアへの出撃が計画され、そしてそれを実行して無事に生還したＵ８６２を主役に据えた戦記、デヴィッド・スティーブンス『U-Boat Far from Home』（Allen & Unwin、１９９７年）によると、バタヴィアでＵ１６８はオーバーホールと低容量バッテリーの交換を目的とした神戸行きの計画を立てていたという。沈没後の尋問で機関長は「極東での活動でバッテリーの交換の必要は生じなかった」と語っており、バッテリーの問題は最終的に解決された（あるいは低容量のままでも良いと判断された）と考えられるが、オーバーホールについては、ドイツ海軍にとっては新しい基地であり、それゆえに物資が不足したバタヴィアでは時間が掛かると判断されたのかも知れない。

また、U168の機関長は沈没後の尋問でディーゼルオイルの問題について詳しく語っている。彼によると、日本海軍から提供されたディーゼルオイルの質がUボートのエンジンに適合せず、これでUボートを動かせば高い確率で黒煙を吹き出してしまい、その調整に数週間、最悪数カ月が必要になったと供述している。U168がバタヴィアで長期間の足止めを食らったのは、まさにこのディーゼルオイルの問題が影響している可能性がある。

もう一つの問題が給油艦の不足である。前述の通り、ドイツ海軍は1944年3月に補給船「ブラーケ」を失い、さらにその直前にも「シャルロッテ・シュリーマン」を失っていた。このため、ドイツ海軍はインド洋で補給船を活動させること、補給船によりUボートへ洋上補給を実施することが不可能となっていた。

補給船による洋上補給ができないということは、インド洋のUボートがヨーロッパに帰還するためには、Uボート同士で補給を行うか、あるいは全く補給を行わずに自力でヨーロッパに向かうしかないという状況となる。

後者については、ごく少数のUボートは成功するものの、バッテリーの低容量が問題となったと言われるU168での実行は望み薄であり、状況の変化を待ちながら待機を続けるしかなかった。

とはいえ、U168が沈んだ最大の原因は日本海軍の防諜能力の不足であることは濃厚と思われる。U183の項で紹介した、米海軍歴史センター（Naval History and Heritage Command）公式HP上の、戦時中の米軍が作成した極東のドイツUボートについての無線傍受情報には、極東におけるUボートの動向がかなり正確に記されており、ドイツ側の動きが米側に筒抜けだったことが示されている。蘭印近海では、U168の他にも複数のUボートが敵潜の待ち伏せで沈められており、情報戦の劣勢が窺える。

日本側の情報についての無頓着さは、ドイツ側でも反感を持たれていたようだ。

尋問調書によると、U168の機関長はバタヴィアでの日本の防諜活動が不十分であり、連合軍のスパイが自分たちについて十分な情報を得ていると確信していたという。また、日本側はドイツ側に情報の漏洩について細心の注意を払うように警告していたものの、バタヴィアにUボートが到着したり、バタヴィアから出撃したりする時刻は秘密ではなかったという。

加えて、バタヴィア近海における航空機による対潜警戒も不十分であり、「日本の対潜水艦戦はビスケー湾での連合軍とは比較にならないほど弱体」「現在、連合軍が日本軍に実施している潜水艦攻撃は、1939年から1940年にかけてドイツ軍が連合軍に実施していたのと同じくらい容易《たやす》い状況」とも語っている。U168が「ズヴァードヴィッシュ」の奇襲を許したのも、日本側の航空支援がなかったことが原因だと考えていたようだ。

日本海軍の情報に対する杜撰《ずさん》な態度は、U181のギーゼも体験している。

U181はバタヴィアからドイツへの帰還のために出撃する直前、日本側に情報の漏洩を避けるためにお別れパーティをしないでほしいと頼んだが、日本側はこれを無視し、パーティと夕食、さらには豪華な朝食さえも用意した。U181の乗組員としては、暗澹《あんたん》たる気分になる出来事だったに違いないが、対抗措置として、出撃当日に乗組員によるボクシング大会が開催されるとバタヴィア市街で宣伝し、その騒ぎの隙に出撃を果たすという一芸を見せている。

U168にとって、その撃沈の原因となった諸事情のほとんどは乗組員たちによる解決が困難な問題であり、その責はドイツ海軍や日本海軍の全体の問題に帰されるべきだろう。U168クルーたちと現地住民との交流は、確かにU168の動向について現地スパイに情報をもたらしたかも知れないが、U168撃沈の決定打にはならなかったのではないだろうか。

戦後しばらく、U168の存在は忘れ去られたままだった。

1980年代、オーストラリアのサルヴェージ業者がジャワ海に沈むU168の存在に目を付け、引き揚げを試みた。サルヴェージ業者の狙いは艦内に積み込まれていると思われた高価なレアメタル……ドイツへと送り届ける希少物資である。

しかし、U168だと当たりを付けた沈没船の残骸の中にはレアメタルらしきものは何もなかった。もしもこのUボートがU168ならば、おそらく欧州向けの希少物資は「ブラーケ」の乗組員の救出の後、ヨーロッパ帰還の可能性が遠のいたことで、どこかで艦内から降ろされたのだろう。

U168のサルヴェージを試みたサルヴェージ業者のマーク・ミッチャーは、この話を、当時ドイツで存命だったU168元艦長のピッヒに話したようだ。ピッヒは「ジャワ海で潜水艦を失くしたのだ」と悲しんだが、マーク・ミッチャーはニヤリとして「存じていますよ。サルヴェージしましたからね」と答えたという。

ピッヒが亡くなったのは1997年（平成9年）のことである。

2013年（平成25年）11月、インドネシアのマスコミは、ジャワの海底でUボートの残骸が発見されたことを報じた。多くの報道はこれをU168と伝えたが、一部はU168と同じくジャワ海で沈んだドイツ海軍Uボート、U183の可能性を示唆している。

沈没船で発見されたのは艦の前部だけで、後部は行方が分からないという。この状況は、艦首に魚雷を受け、頭から沈んでいったU168の最期と明らかに矛盾する。詳細は不明だが、もしかすると、発見されたUボートはU183で、マーク・ミッチャーがサルヴェベージを試みたUボートもU183なのかも知れない。

幸い、インドネシア政府は、発見したUボートがドイツ海軍の乗組員たちの墓標であること、現在もドイツ連邦の所有物であることを理由に、Uボートの正確な位置の発表を行っていない。

U168、そしてU183の安らかな眠りは、今しばらくは保たれることだろう。

若き日のヘルムート・ピッヒの写真。元ドイツ空軍所属のUボート艦長であるが、パイロット育成をドイツ空軍と協調して行ってきたドイツ海軍ではそれほど珍しい存在ではなかった。
（Deutsches U-Boot-Museum）

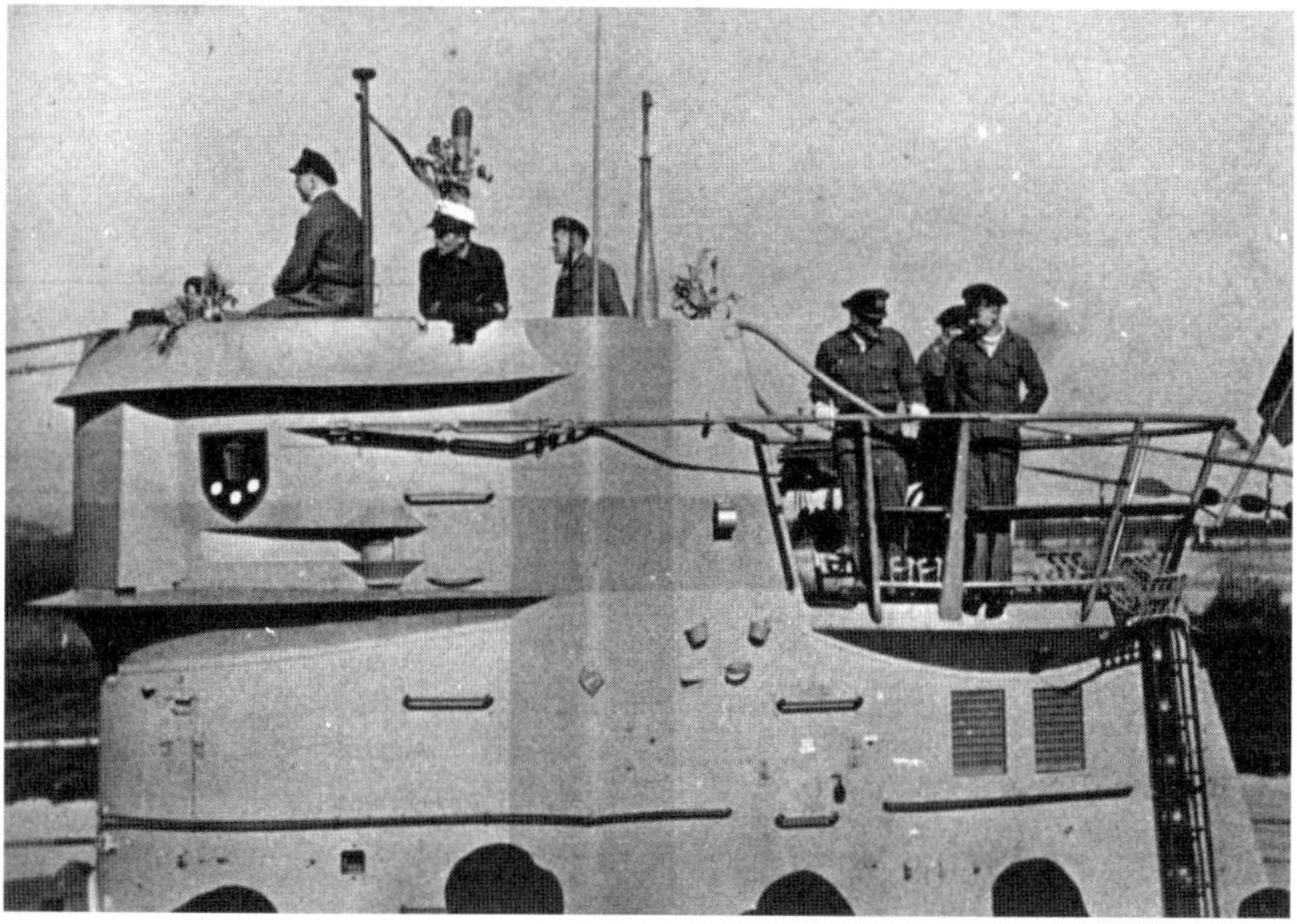

1943年、作戦から帰還した際と思われるU168。個艦エンブレムである「コップと三つのサイコロ」(「パスディス」というサイコロ三つを使うギャンブルを意味する) がよく分かる。司令塔上の白い制帽を被っているのが艦長のピッヒだろう。(Deutsches U-Boot-Museum)

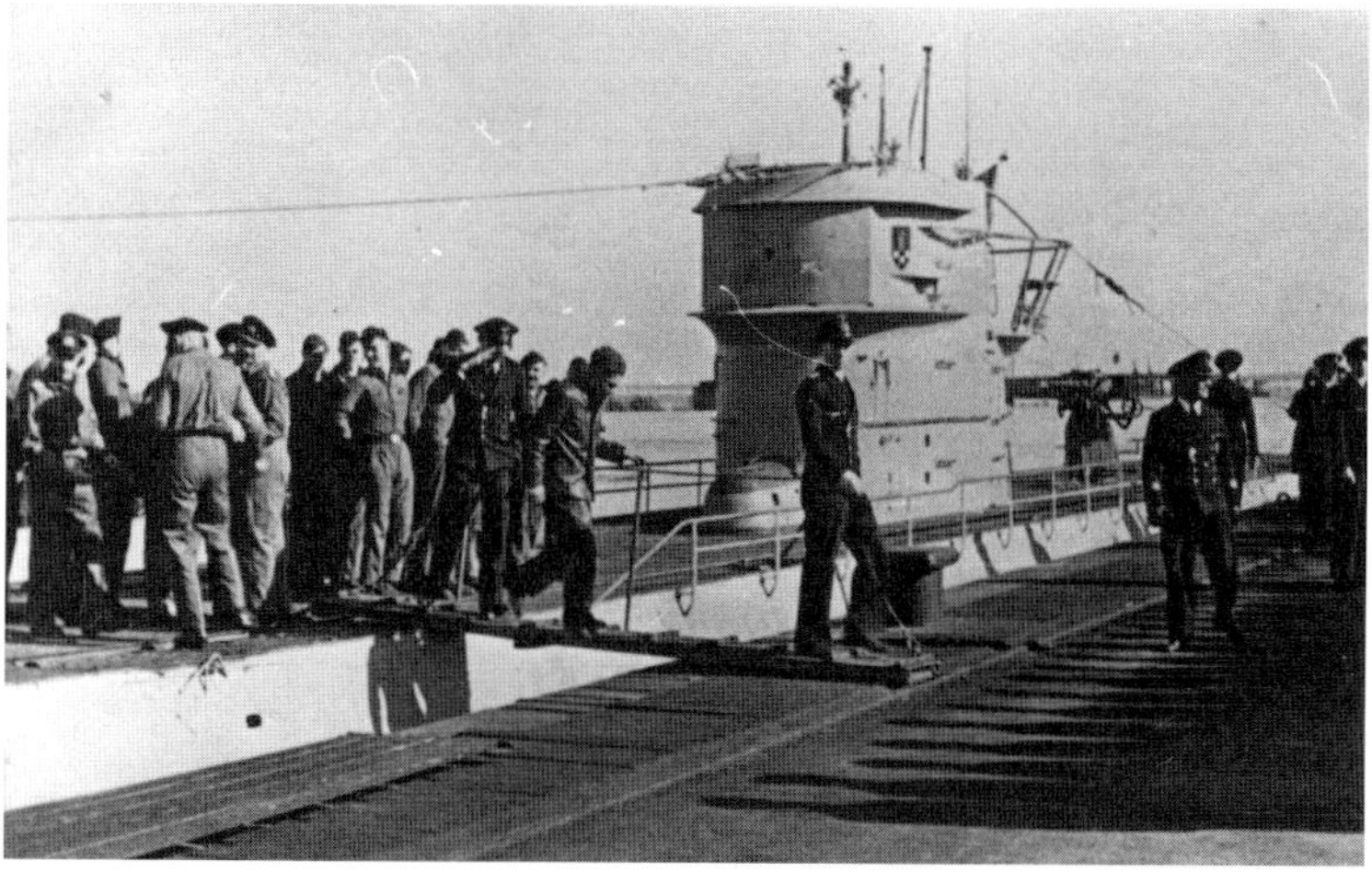

同じく1943年のU168。上の写真と連続していることから、同じシーンを撮影したものと思われる。IXC/40型の、優美なシルエットが一望できる。ただ、1943年におけるU168の戦果はあまり振るわず。同艦が本領を発揮するのはインド洋に進出した1944年以降となる。(Deutsches U-Boot-Museum)

こちらも1943年、フランスの軍港（ボルドー?）に帰還した際のU168。インド洋におけるU168の写真と比べると、艦橋後方に独立する形で設けられた機銃座が見当たらず、すっきりとした印象となっている。
（Deutsches U-Boot-Museum）

1943年12月12日、ペナン島ジョージタウンの桟橋に接舷しようとしているU168。敵味方識別のため、艦橋側面にハーケンクロイツを描いている。桟橋には日本海軍将官と、ドイツ海軍の基地要員の姿があり、U168の甲板には乗組員たちが整列している。（提供：Deutsches U-Boot-Museum）

ペナンに入港したドイツ海軍のU168を、出迎えの演奏を行う日本海軍の軍楽隊を含めて撮影した1枚。桟橋にはU168よりも先にペナンに到着したシェーファーのU183が仲間の到着を出迎えているが、こちらは整備・休暇中のためか、あまり締まった雰囲気ではないようだ。(Wolfgang Ockert)

ペナン到着後、日独海軍の司令部要員たちに敬礼を行うU168のピッヒ少佐。左端の日本海軍将校は、第八潜水戦隊司令官の市岡寿少将だと思われる。そして、その左手に佇む白い夏用海軍制服のドイツ人が、後のU168の第1士官にして当時のペナン基地司令、そして、「日本空母に乗ったドイツ人パイロット」コンラート・ホッペ大尉である。(Wolfgang Ockert)

1943年11月27日、ペナンの桟橋において、ペナンからフランスへと帰還するUボート、U178の見送りに参加したホッペ（左端）。右から2番目の日本海軍士官が第八潜水艦隊司令官だった市岡寿少将。この後、U178は181日の航海の末、無事にフランスのボルドーに帰還することになる。（Wolfgang Ockert）

上と連続するU178見送りのシーンの写真。左端のホッペの左側（写真上では右）の人物は、おそらくU178艦長のヴィルヘルム・スパール大尉。Uボートを無事に祖国に送り出せるためか、市岡少将も満足げだ。「モンスーン」グループに先駆けてペナンに到着したU178の戦歴も興味深いテーマである。（Wolfgang Ockert）

1944年、インドネシアのジャワ島の沖合で撮影されたU168。おそらくバタヴィアの沖合で、4月から10月の撮影だろう。ペナン到着時と比べると迷彩の形状に違いがある。（Deutsches U-Boot-Museum）

バタヴィア（現在のジャカルタ）の北部にあるタンジュン・プリオク港。1945年の終戦後、イギリス軍が空撮した風景。バタヴィアはペナン島に次いで東南アジアにおけるUボートの活動拠点となり、タンジュン・プリオク港にもU168のほか、U181、U532、U537、U862といったUボートが寄港した。ちなみに、写真の右の岸壁の手前側に半沈没状態のような不思議な艦船があるが、これはバタヴィアで終戦を迎えた伊505と思われる。同艦は元ドイツ海軍のUボート、XB型のU219で、ドイツ降伏後に日本海軍に接収された。

第三節 北米へ！ 東南アジアへ！ 二つの大洋を制したUボート U537

箱根のUボートクルー、ブルーノ・ディーク中尉の謎

太平洋戦争中、ドイツ海軍が極東に置いた拠点の一つとして、箱根が挙げられる。

箱根は神奈川県南西部、箱根カルデラに位置する町である。江戸時代には東海道の関所の一つがあり、周辺には多数の宿が置かれた。明治以降は温泉が湧き出ることから観光地として栄え、現在でも多くの観光客が訪れている。

日本海軍はこの箱根を、太平洋戦争の開戦以前から、日本本土を訪れたドイツ海軍艦艇の乗組員の保養地として利用した。箱根には戦前から多くの旅館やホテルが立ち並び、日本人のみならず外国人の観光客の誘致に励んでいた。また、箱根は東京や横浜からのアクセスも比較的容易で、交通の便も悪くはなかった。このため、日本海軍は現地の旅館やホテルの多くをドイツ海軍将兵たちの宿泊所に指定し、長期航海で消耗した体力の回復、精神の慰撫《いぶ》を図ったのである。

ただし、太平洋戦争の開戦以前の段階では、箱根を休暇先として利用するドイツ人の数は少なかった。箱根に滞在したドイツ人の数は現在でもはっきりとしないが、この段階で箱根を利用したドイツ海軍の人員は、日本に補給のために立ち寄った輸送船や仮装巡洋艦の乗組員に限られており、この傾向は開戦から1年後の1942年（昭和17年）末まで続いたようだ。なお、当時の箱根にはドイツ海軍将兵の他、蘭印（オランダ領東インド）から脱出してきた、蘭印夫人と呼ばれたドイツ民間人がおり、また、太平

洋戦争の開戦によって「敵国人」となった在日アメリカ人やイギリス人も多数が収容されていたという。

こうした状況が変化するのは1942年11月30日、横浜港でドイツ軍艦爆発事件が起きた後である。この事件では横浜港に停泊していたドイツ海軍の高速タンカー「ウッカーマルク」の突然の爆発により、「ウッカーマルク」とドイツ海軍の仮装巡洋艦「トール」、「トール」が拿捕《だほ》した客船「ロイテン」（元オーストラリア船籍の「ナンキン」）の3隻と日本海軍の徴用船1隻が失われ、周辺の港湾施設が破壊されるという甚大な被害が生じた。人的損害も激しく、事故によってドイツ海軍将兵61名、中国人労働者36名、日本人労働者や住人など5名の合計102名が犠牲となり、多数の負傷者が出た。

生き残った数百名のドイツ人の乗組員の大半は、その後、日本に来航した他のドイツ船舶に乗ってヨーロッパへの帰還を図ったり、1943年（昭和18年）から開始されたインド洋でのドイツ海軍Uボート部隊の行動を支える基地要員として東南アジアに赴任したりしたが、残りの100〜130名ほどは箱根に留まり、逗留《とうりゅう》生活を行うことになった。なお、前者のうち257名は当時横浜に停泊していた仮装巡洋艦「ドッガーバンク」に乗り込み、1942年12月17日に出港してフランスに向かったが、大西洋上で味方のはずのドイツ海軍Uボート・U43の雷撃を受けて撃沈されてしまった。「ドッガーバンク」の生存者は1名だった。

「ドッガーバンク」の惨劇を考えると、箱根に残されたドイツ海軍将兵たちは大きな幸運に恵まれたと言えるだろう。

延々と前置きをしてしまったが、以上のエピソードは、日本の戦史ファンには比較的有名な話のようだ。最近では箱根の人工池の阿字ヶ池がドイツ海軍将兵の掘ったものとしてネットで紹介され、話題を呼んだこともある。

しかし、この話題に付随するエピソードとして、戦争中の箱根にドイツ海軍の仮装巡洋艦の乗組員だけでなく、ドイツ海軍のUボートの乗組員たちも滞在していたことはほとんど知られていない。

この事実が記されている資料の一つに、2000年（平成12年）に「戦時下の小田原地方を記録する会」が発行した『市民が語る小田原地方の戦争』という書籍がある。

「戦時下の小田原地方を記録する会」は、その名の通り神奈川県の小田原を中心とした（箱根を含む）地域の戦争体験を記録する民間の団体であり、いくつもの貴重な回想集を刊行している。『市民が語る〜』はその集大成的な作品として制作されている。

この中に、箱根に滞在した元Uボート乗組員として、ドイツ人のブルーノ・ディークという名の男性と、その妻の日本人の君枝・ディークという女性が登場する。話し手は君枝・ディークである。君枝はドイツUボート乗組員が滞在した箱根の旅館の一つである「ふるや旅館」の娘で、戦後にブルーノ・ディークと結婚したという。

箱根温泉旅行協同組合編『箱根温泉史』（ぎょうせい、1986年）によると、終戦直後に営業を再開した旅館の一つに同名のものがあり、その経営者に古谷元平の名があることから、君枝の旧姓は古谷だったと思われる。

君枝・ディークの回想によると、当時、箱根は勤務中に体調を崩したUボートの乗組員の療養先、また、日本に来航したUボートの乗組員たちが関東に観光に出る際の宿泊先であり、ブルーノ・ディークも健康を害したために神戸で降ろされ、箱根に来たという。彼はドイツのボンの出身で、戦前は船好きが高じて商船の航海士となり、その後、自分から志願してドイツ海軍の士官になったという。

すでに本書で何度か言及しているように、1944年（昭和19年）秋以降、日本の神戸には5隻のUボート（U183、U510、U532、UIT24、UIT25）が来航しており、観光目的で乗組員が箱根に来ることはあまり驚くことではない。しかし、療養目的でも箱根に滞在したUボート乗組員が多数存在し、またその一人が日本人と結婚していたというのは大いに興味をそそられるエピソードである。

だが、このエピソードには謎がある。果たしてブルーノ・ディークはどのUボートに乗ってきたのだろうか？

『市民が語る〜』に記された君枝・ディークの証言によると、ブルーノ・ディークはドイツ海軍で長く潜水艦に乗り込み、そして「誰も信じないけど、潜水艦でアメリカの本土近くまで行った」とも話していたという。

大西洋ではアメリカ本土まで接近し、極東では日本に来航した……という戦歴は、実は日本に来航したUボートのほとんどに当てはまる。どのUボートも、大西洋での通商破壊戦に参加した後、インド洋に向かっているからだ。彼の言葉を素直に解釈するとしても、彼の所属は謎のままとなる。

だが、そうなると「誰も信じないけど」という言葉にも矛盾が生じる。彼は通常のUボート乗組員では経験できないような戦いをしたからこそ、この枕詞を吐いたと思われるからだ。アメリカ沿岸で通商破壊戦を繰り広げた程度では、ドイツ海軍の将兵にとって「誰も信じない」ような戦歴とはならない。

では、そんなUボートが他に極東に存在したのか？……関連資料を調べたところ、一つだけ、可能性のあるUボートがあった。

それが、ここで紹介するU537である。

U537の建造と艦長ペーター・シュレーヴェ大尉

ドイツ海軍Uボート、U537はⅨC／40型のUボートの1隻である。1942年4月10日、ドイチェ・ヴェルフト社のハンブルク造船所において起工され、11月7日に進水、約4カ月後の1943年1月27日にドイツ海軍に編入された。

U537の乗組員は48名。艦長はペーター・シュレーヴェ大尉だった。

U537の型式であるⅨC／40型Uボートについては、前節（U168）で解説済みなので、ここでは控える。後述するU537の2度の長期間の遠征の成功は、ⅨC／40型の長大な航続力のおかげと言えるだろう。

艦長のペーター・シュレーヴェは1913年（大正2年）3月12日、東プロイセンのタピアウ（現在のロシア領カリーニングラード州グヴァルジェイスク）に生まれた。1934年（昭和9年）、海軍士官学校に入校して士官候補生となり、1939年（昭和14年）8月まで様々な訓練部隊や実戦部隊に転任した。同年4月には中尉に任官している。

9月には一時的にドイツ空軍に転属となり、第196艦載飛行隊に編入され、戦艦「シャルンホルスト」航空隊の所属となった。この時期、ドイツ海軍は多数の若手士官をドイツ空軍にパイロットとして出向させていた。しかし、開戦と前後して多くの元海軍の空軍士官たちが海軍に戻り、増勢著しいUボートの乗組員として配属されている。

1940年（昭和15年）10月、シュレーヴェは海軍に復帰し、潜水艦乗組員としての訓練に従事。1941年（昭和16年）3月までこれを行い、その後、U48の第1士官となった。U48はドイツ海軍の主力であるⅦ型Uボートの1隻であり、大戦中は北大西洋と北海で12回の作戦行動を行い、合計54隻の艦船を撃沈するというドイツ海軍きっての武勲艦だった。このうち26隻は開戦時からのU48艦長、ヘルベルト・シュルツ少佐の手柄である。シュレーヴェは彼の片腕として、U48の戦いに参加した。

U48は1941年6月に前線を引き、乗組員たちのほとんどは解散した。これと前後してシュレーヴェにも新たな任務が与えられた。5月12日にノルウェーのトロンハイムに入港したU378の艦長が病気で勤務不能となっており、その代わりとして同艦の指揮を引き継ぐことになったのだった。シュレーヴェはバルト海でU378の訓練を行い、次期作戦に備えた。

9月、U378は新たな艦長としてハンス゠ユルゲン・ツェツシェ少佐を迎え、前線に出撃した。シュレーヴェは役目を終えて退艦し、それまでツェツシェが指揮していたU591の艦長になった。ただし、ここでの任務も後方での移動のみで、2カ月後にはツェツシェがU591に復帰し、シュレーヴェはお役御免となった。

1942年11月、シュレーヴェはUボート艦長としての訓練を開始した。ようやくシュレーヴェに、前線指揮官としての役目が回ってきたのである。

翌12月、シュレーヴェはハンブルクに赴任して同地で建造中のU537の艤装《ぎそう》員長となり、1943年1月27日、U537の就役とともに艦長となった。U537の所属はシュチェチンの第4Uボート小艦隊である。なお、シュレーヴェは同月に大尉に昇進した。

残念ながらペーター・シュレーヴェがどのような性格の人物だったのかは、それを記された資料を目にすることができなかったため、判然としない。

しかし、歴戦の武勲艦であるU48の第1士官を続けたことや、2度の急な艦長交代に応じながらしっかりと任務をこなしたこと、また、後述する二つの遠征を見事にこなしたことを考えれば、かなり有能な指揮官だったと結論付けてもそう間違いはないだろう。

1年半後の極東でもシュレーヴェの名は広く知られていたようで、当時、ドイツ大使館海軍武官室に勤務し、通訳としてスラバヤで現地のドイツ海軍と日本海軍の交渉に関わった横川文雄氏は、シュレーヴェとU537の乗組員について、著作「南海のドイツ海軍」でこう書き残している。

「スラバヤの港には、既に他の戦闘潜水艦《U・シュレーヴェ》が停泊していた（引用者注：《U・シュレーヴェ》はU537のこと）。シュレーヴェ大尉の率いる潜水艦で、乗組員はドイツ海軍から選りすぐられた精鋭だった。見るからにきびきびとした若々しい乗組員には、他の艦には見ることのできなかったうつぼつたる闘争心がおのずから感じられた」

いくつもの任務を共にした後の状態ではあるが、シュレーヴェがU537の乗組員たちをしっかりとまとめ上げ、高い練度を維持していたことは、間違いがないようである。

シュレーヴェが着任した後、U537はバルト海で訓練を開始した。指揮官がいかに有能でも、全く別々の場所から集められた様々な階級の乗組員たちが一つにまとまるまでにはそれなりの時間が必要になる。

U537の場合、訓練は1943年1月末から同年9月まで続けられた。Uボート1隻の訓練期間として約7カ月間というのはいくらか時間がかかりすぎの感があるが、訓練の途中、バルト海の氷の中で立ち往生してしまった、対空兵装の強化により追加の改装期間が生じた、連合軍の軍港への空襲により艦が損傷を受け、整備作業も遅れた……などが影響しているようだ。ドイツ本土では1943年以降、アメリカ第8航空軍の参戦によって都市部への空襲が激しさを増しており、沿岸部では特にキール軍港に度々爆撃が行われ、Uボート乗組員たちの後方での生活も命がけになっていた。

一方、U537が訓練を続ける7カ月の間、大西洋の状況は劇的に変化していた。

1943年序盤から中盤にかけて、ドイツ海軍は中部大西洋に多数のUボート集団を展開し、英米間を往来する連合軍の船団に大打撃を与えていた。しかし、1943年中盤になると、連合軍の戦術の革新や護衛兵力の強化により、逆にUボート集団が大打撃を被ることが少なくなかった。ドイツ海軍総司令官カール・デーニッツ大将は、Uボート部隊を中部大西洋から撤退させて立て直そうとしたが、敗勢は明らかだった。

こうした状況下の1943年9月、訓練を終えたU537は初陣を飾るべく、新たな任務を与えられることになった。

目的地は……なんと、大西洋の彼方、ニューファンドランド自治領（現在のカナダ、ニューファンドランド・ラブラドール州）のチドリー岬近くの「陸上」。U537は、北米上陸の命令を受けたのである！

気象観測機材WFL26「クルト」

U537に与えられた北米遠征の任務には、ドイツ海軍が直面していた「大西洋の天候」の問題と、それを解決するべく開発されたWFL26「クルト」と呼ばれる気象観測機材が深く関わっていた。

1943年以降、大西洋で長期の作戦行動を行うようになったドイツ海軍Uボート部隊に重要となったのは、大西洋の天候の情報だった。

Uボート部隊にとって、作戦海域における天候の情報は作戦の成否を大きく左右する重要性を持つ。作戦海域の天候が良好であれば（つまり、海面状況が穏やかなら）Uボートは船団襲撃を容易に行えるし、天候が悪ければ（つまり、海面状況が荒ければ）、そこにどれだけ多数の船団がいようが、Uボートは活動を制限され、まともな攻撃が行えなくなるからだった。水中で行動が可能な潜水艦が天候に行動を大きく左右されることについては、現代人の目から見ると奇妙に思えるかも知れないが、当時のドイツ海軍Uボート部隊は、水上に浮上しての雷撃や砲撃を敵艦船攻撃における主戦法としており、天候の良し悪しはその成否に繋がった。

1943年中盤以降、大西洋の戦いでドイツ海軍が劣勢となったことで、天候予測はドイツ海軍にとってさらに重大となった。もし、連合軍が大西洋や北海で大規模な作戦……例えば渡洋侵攻を行うことを決意した場合、それは天候が良好な日付を狙って行われる確率が高い。洋上の天候を長期的に予想できれば、ドイツ海軍は敵の攻勢時期を予想し、それに合わせて戦力を展開、迎撃することができるかも知れない。

だが、この問題には、自然の法則という壁がドイツ海軍の前に立ちはだかっていた。

大西洋の気候は一般的に西から東に動く。つまり、北米大陸での天候が、そのまま大西洋を越えてヨーロッパに向かうという図式だ。このため、大西洋の気候を予想したければ、できるだけその西方で観測を行うことが望まれる。

この自然法則は連合国に大きなメリットを与えた。大西洋の戦いの主戦場である中部大西洋や北大西洋、北海の天候を知るには、北米北部の英連邦のカナダやイギリス自治領で気象観測を行うことが有効だった。イギリスは北米北部に多数の気象観測所を設け、そこでの観測結果をアイスランドに送り、アイスランドで同地での観測結果を加えてイギリスに送った。こうすれば、連合国は北米とアイスランド、イギリスの天候の差異を把握し、大西洋の気候の変動を予想できる。

ドイツ海軍にとって、この自然法則は解決の難しい問題だった。ヨーロッパにおけるドイツの支配領域の西端はフランス領のブルターニュ半島であり、そこに設けられた観測所の情報では大西洋の気象予測は不可能だ。これを打破するためには、北大西洋のアイスランド、北米大西洋沿岸のニューファンドランド、カナダ本土などに気象観測所を設置しなければならないが、いずれも連合軍の領域であり、本格的な気象観測所の設置は困難である。何かしらの手段でそれらの場所に簡易な気象観測所を設置しても、ドイツ軍にはそれを守るだけの戦力が送り込めない。Uボートや気象観測船の派遣も、大西洋の戦況の不利を考えると非現実的だった。

ドイツ海軍はこの難題を解決するために、自動で気象観測用のデータを採取し、送信する気象観測機材の開発を進めた。無人の気象観測機材なら、隠密裏に連合軍の支配領域に設置できるし、それを操作したり、守備したりする人員が不要になる。

自動気象観測機材の開発はシーメンス社で行われた。シーメンス社は現在の日本でも知名度の高いドイツの電信・電子機器メーカーで、こうした機材の開発には適任だった。

1942年1月、最初の自動観測機材が完成し、ドイツ海軍に納品された。それは観測機材やバッテリーを収めた10基の円筒とデータ送信用アンテナで構成されており、円筒はそれぞれ高さ1m、直径47cmの大きさで、重量は約100kgだった。

名称は「Wetter-Funkgerät Land」で、ドイツ海軍は略称としてWFLを使用した。計画では、WFLは補給がなくとも、4~6カ月は自動的に作動し、気象データを送信し続けるはずだった。

ＷＦＬの総生産数は不明だが、少なくとも大戦中に14個のＷＦＬが完成し、１９４２年から１９４４年末にかけて、北大西洋や北海の島々に配置された。

各ＷＦＬには機密保持のため、20からのナンバリングが行われ、各ＷＦＬはＷＦＬ21～36の名前で呼ばれたほか、独自のコードネームも与えられた。例えば、最初のＷＦＬとして１９４２年７月９日にスピッツベルゲン島に設置されたＷＦＬ21は「グスタフ」、最後のＷＦＬとしてノルウェー北端のマーゲロイ島に置かれたＷＦＬ36は「ヴィルヘルム」であった。

Ｕ５３７がチドリー岬近辺に上陸を命じられたのは、このＷＦＬの揚陸のためだった。この地点に割り当てられたＷＦＬはＷＦＬ26で、コードネームは「クルト」だった。これは、本任務に参加するべくＵ５３７に乗り込んだ気象学者、クルト・ザマーマイヤー博士の名にちなんだものと思われる。Ｕ５３７にはこの他に、彼のアシスタントとしてヴァルター・ヒルデブラント博士も乗船することになっていた。

チドリー岬近辺では１９３１年（昭和６年）、ナショナル・ジオグラフィック協会による調査が行われており、ドイツ海軍はその情報から、同地にＵ５３７が安全に停泊可能な湾があること、カナダの人々（現地のイヌイットを含む）が容易に近づけない場所であることを把握していた。

１９４３年９月18日、Ｕ５３７は気象観測機材ＷＦＬ26「クルト」（以降、「クルト」と略称）と共にキール軍港を出撃した。目標であるチドリー岬には10月下旬に到達予定だった。この時期であれば、チドリー岬付近の沿岸は凍結しておらず、また間もなく来る冬によって閉ざされるため、当局がその場所を見つけ出し、解体する可能性がいっそう低くなるからだった。

北米大陸上陸を目指して！ Ｕ５３７の大遠征

キールを出撃したＵ５３７はバルト海を越え、９月20日から９月23日にかけてノルウェーのクリスチャンサン、エーゲルスン、ハウゲスン、ベルゲンと移動、９月30日にベルゲンを発《た》ち、西に進んでイギリス本土の北を通過、フェロー諸島とアイスランドの間を抜けて大西洋の北部に入った。このコースは連合軍の警戒が緩く、比較的安全な大西洋への進出を可能としていた。

　北米への遠征において、Ｕ５３７は敵に発見されないよう、頻繁に場所を変えながら天候の状況について電文を打つことを命じられていた。そうすることで、無線傍受を行っている敵に、Ｕ５３７を「通常の戦闘用のＵボート・グループ」の一員であると勘違いさせ、行動を隠そうとしたのだった。この方策は図に当たり、Ｕ５３７の無線を傍受していたイギリス軍は、Ｕ５３７が北大西洋で行動していることを把握しつつ、北米に向かおうとしていることを感知できなかった。

　Ｕ５３７の本当の敵となったのは荒天だった。Ｕ５３７はシュノーケルを装備していなかったので、移動の基本は水上航行となり、必然的に荒天に遭遇した場合、荒波に艦全体が弄《もてあそ》ばれた。乗組員たちは強風、強い雨、寒気に苦しめられ、大勢が体調を崩した。また、この影響で艦の航行速度も予定より低下した。

　10月14日、Ｕ５３７に最初の打撃が加えられた。午前2時に浮上した途端、巨大な波が叩きつけた。この「攻撃」によってＵ５３７は、艦橋後方に備え付けられていた2cm Ｆｌａｋｖｉｅｒｌｉｎｇ 38（38式2cm四連装対空機関砲）を引き剥がされるという損害を被ってしまった。この四連装機関砲は重量1・4トンにも及ぶ大型の火砲であり、これを引き剥がしてしまった波の威力は相当のものだっただろう。これでＵ５３７は、もしもの際に強力な武器となる対空火器の一つを失ってしまった。

　しかし、この程度の損害で任務は放棄できない。シュレーヴェは損害をドイツ本国に報告し、西進を続けた。以後も悪天候は続き、Ｕ５３７は苦難の航行を強いられた。

　Ｕ５３７の苦労は報われた。１９４３年10月22日、Ｕ５３７はついにニューファンドランド自治領のラブラドール地方沿岸に到達、チドリー岬南方のマーティン湾に進入した。「クルト」の揚陸予定地点は、マーティン湾に面するハットン半島である。

マーティン湾にU537を停泊させたシュレーヴェは、すぐさま「クルト」の設置を行う分遣隊を10名の乗組員で編成、ゴムボートで分遣隊を上陸させた。もちろん、分遣隊の任務にはいざという場合の「クルト」の護衛および投錨《とうびょう》した状態で身動きの取れないU537の守備も含まれている。

このため、分遣隊は最初にマーティン湾が見渡せる丘の上にMG15 7・92㎜機関銃を据え付けたほか、多数の人員がMP40短機関銃を装備して上陸し、揚陸地点周辺の安全を確保した。

周囲の安全を確保した乗組員たちは、10月23日の夜明け、「クルト」の設置場所に定めた、海岸から400ヤード(約366m)内陸の、高さ170フィート(約51・82m)の丘の頂上の高原に「クルト」を移動しはじめた。

前述の通り、総重量1トンを超す「クルト」をゴムボートから海岸に揚陸し、さらに設置地点に移動させるのはなかなか骨の折れる作業だった。乗組員たちは二人の技術者たちとともに、必死にこの作業に当たった。

この間、他の乗組員は、嵐で損傷した船体の修理を行った。その際のU537の写真には、機関砲と砲盾がすっかり失われて、ターレットだけが残された2㎝Flakvierling38の基部が写されている。

「クルト」の全機材が設置されると、クルト・ザマーマイヤー博士はその作動テストを実施した。結果は良好で、データは正確に送信されていた。

テストと並行して偽装作業も行われた。どれだけ辺鄙《へんぴ》な場所に設置したとしても、連合軍や地元のイヌイットたちが通りかかる可能性は皆無ではないからだった。U537の乗組員たちはそうした人々を欺くために、アメリカのタバコの空箱を設置場所の周りに残した。また、「クルト」には〝カナダ天候予報サーヴィス〟と記されていた。そのような名前の政府機関は、カナダには存在しないにも関わらず……。

午後の遅くになって作業は終了し、乗組員と技術者たちはＵ５３７に帰還した。任務が終了した以上、Ｕ５３７がマーティン湾に長居する理由はなかった。錨《いかり》を降ろしてから28時間後、Ｕ５３７はマーティン湾を出立した。

Ｕ５３７の報告により、ドイツ本土の潜水艦隊司令部も、「クルト」の設置完了と、それが完全に作動していることを把握した。司令部はＵ５３７に対し、大西洋での通商破壊戦の実施を命じた。困難な作戦を首尾よく終えたことで、Ｕ５３７の士気は天を衝かんばかりとなっていた。

残念ながら、Ｕ５３７はその高まった士気を活用することはできなかった。

10月31日、Ｕ５３７はニューファンドランド沖で輸送船を撃沈するべく、戦闘哨戒を行っていた。しかし、これをカナダ空軍第11飛行隊のハドソン爆撃機に発見され、攻撃を受けた。Ｕ５３７は幸いにして遁走《とんそう》に成功、無傷でこれを切り抜けた。

さらに11月11日、Ｕ５３７はカナダの第５飛行隊のカタリナ飛行艇に発見され、４度の爆雷攻撃を受けた。Ｕ５３７は離脱したものの、わずかな損傷が生じた。

Ｕ５３７はこの後、敵の度重なる空襲と獲物の少なさから、フランスへの帰還を決断した。Ｕ５３７は１カ月の航海の後、１９４３年12月７日、フランスのロリアンに到達し、約70日の航海を終えた。Ｕ５３７は「クルト」のカナダへの設置という大業を成し遂げたが、その復路においての戦果はゼロだった。

加えて、「クルト」そのものにも竜頭蛇尾と言える結末が待っていた。

当初、順調に作動し、ドイツ海軍に貴重な観測情報を発信していた「クルト」だったが、数日後に発信が弱まり、設置された３週間後には完全に沈黙した。理由は判然とせず、単なる故障、あるいは北米から発信される気象データに気付いた連合軍による妨害電波の結果とも言われている。Ｕ５３７は「クルト」のデータを受信していたから、「クルト」が機能不全に陥っていく様子は手に取るように分かっただろう。乗組員たちの落胆は想像を超える。

こうして役立たずのガラクタと化した「クルト」だったが、幸いにもシュレーヴェの選んだ揚陸地点は的確であり、終戦に至るまで、その場所が連合軍に暴かれることはなかった。

ロリアンに到着後、U537からはクルト・ザマーマイヤー博士とヴァルター・ヒルデブラント博士、そして一人の乗組員が艦を降りた。彼らは後に起こる悲劇により、U537と「クルト」の秘密を握る数少ない生き証人になる。

また、1944年9月、機能が停止した「クルト」を復活させるべく、U537と同じⅨC／40型Uボートの U867が、二代目の「クルト」を搭載してキール軍港を出撃、U537とほぼ同じコースで「クルト」設置場所に向かったが、9月19日、イギリス空軍のリヴェレーター（B-24のイギリス空軍向け供与機）の攻撃を受けて撃沈され、ドイツ海軍の「北米に天候の観測拠点を設ける」という目標は達成されなかった。

U537、極東へ！

1944年に入ると、大西洋の戦況はさらに悪化していた。連合軍の対潜哨戒はさらに強化され、Uボートは中部大西洋から全面的に撤退し、イギリス本土や北海での作戦を余儀なくされていた。しかも、連合軍のイギリスからの大陸反攻の気配もあったため、多数のUボートがその迎撃のためにヨーロッパに留め置かれることになった。

この退潮の中、U537も大西洋での戦いに参加するべく、1944年2月29日、ロリアンを出港した。指揮官は引き続きシュレーヴェである。

しかし、何らかの理由で3月1日にロリアンに帰還。U537はロリアンで態勢を立て直し、3月5日、再びロリアンを出港した。だが、今度はロリアンを出た直後、機種不明の敵機に襲われ、大きな損害を被り、翌日に再度ロリアンに帰還した。

短期間の航海後の帰還を2度繰り返したU537

だったが、間もなく新たな命令が下された。今度はインド洋への派遣を命じられたのだ。

大西洋での戦況の悪化を受け、ドイツ海軍はいまだ対潜警戒の緩いインド洋に目を向け、そこに「モンスーン」グループをはじめとするいくつものUボート部隊を送り込んでいた。しかし、当初は目論見通り大きな戦果を挙げたこの作戦も、連合軍が暗号を解読して迎撃を行ったことで成功率が低下、多数のUボートが途上の大西洋で犠牲になった。また、この作戦のためにペナン島に基地を設けたドイツ海軍だったが、燃料・資材は共に乏しく、たとえ無事にペナンに辿り着いたとしても、Uボートは積極的な動きが取りにくかった。同盟国の日本も、ドイツ海軍に潤沢な支援を行うことは不可能だった。

こうした現実に鑑み、ドイツ海軍はインド洋に向けて、物資輸送を担う多数のUボートを送り出していた。往路では日本やインド洋のドイツ海軍向けの物資を積載し、ペナン島でこれを降ろして通商破壊戦に従事、復路はドイツ向けの東南アジアのレアメタルを搭載するという方法である。

U537も、同じように極東への物資輸送を任されていたようだ。前節でも参照した資料「U-boats of the Second World War: Their Longest Voyages」によると、U537は以下の荷物をペナン基地向けの補給品として積んでいたという。

・無線方位探知機1基
・プロペラ1基
・対空レーダー受信機1基
・その他3基のレーダー受信機

1944年8月2日、U537は131日の航海を経て、フランスのロリアンからドイツ海軍基地のある蘭印のバタヴィアに到着した。残念ながら、この間の記録を記した資料は見当たらなかったが、他のUボートの例を見る限り、荒天等でかなりの苦労があったと思われる。なお、目的地がペナンではなくバタヴィアになったのは、ペナンが敵の空襲や潜水艦による封鎖などにより、Uボートが拠点とするには危険な場所になったからだった。

この時期、バタヴィアにはU537のほか、初期の「モンスーン」グループの1隻であるU168と U532の姿もあった。このうちU532は9月10日、バリクパパンを経由して日本に向かい、2週間後の9月26日、無事に神戸に到着することになる。

バタヴィアで約2カ月間を過ごした後、U537は10月1日に出港、その日のうちに同じジャワ島のスラバヤに到着した。

スラバヤには日本海軍の工作部隊がおり、バタヴィアよりも本格的な修理を受けることができた。おそらくU537はバタヴィアでの2カ月間を乗組員たちの休息に充て、スラバヤには艦の修理のために来たのだろう。

スラバヤでは望外の出会いがあった。U537艦長のシュレーヴェがかつてドイツ空軍に所属していた時、同じ第196艦載飛行隊に所属し、共に仕事をしたコンラート・ホッペ大尉が、スラバヤの基地司令としてU537の到着を待っていたのだ。前節で紹介した通り、ホッペはU168の第1士官としての仕事をこなした後、このスラバヤの基地司令となっていた。

二人は友人同士であり、ホッペはシュレーヴェたちのために、スラバヤでUボートの乗組員が快適に過ごせるよう、可能な限りの手を尽くした。

ホッペ自身の回想によると、蘭印の地の食べ物はドイツ人にとって必ずしも健康的なものではなかったため、ホッペが現地でドイツ人女性を雇い、彼女に40人の部下を与えてドイツ人たちの胃でも消化しやすい料理を作らせたという。

スラバヤには日本海軍の第二南遣艦隊の司令部があり、基地の防衛部隊として第21特別根拠地隊も配備されていた。日本海軍の設備や司令部が充実しているということは、ドイツ海軍も交渉がしやすいということで、U537が前節で紹介したU168のような士気弛緩《しかん》に陥らなかったのは、スラバヤ基地の実動が間に合ったことが原因かも知れない。

南太平洋への出撃と突然の終焉

Ｕ５３７がスラバヤに滞在している頃、極東のＵボート部隊は、史上空前の作戦に乗り出していた。

それは、オーストラリア西方における、Ｕボート部隊による大規模な通商破壊戦である。ドイツ海軍はインド洋での敵の哨戒の強化を受け、より敵の警戒が手薄なオーストラリア沖合で通商破壊戦を行い、敵の輸送船を沈めると同時に、これによってヨーロッパの連合軍戦力をオーストラリア近海にひき付け、相対的にヨーロッパの戦況を好転させようとしたのだった。

当然、作戦に参加するＵボートは極東に展開しているＵボートでなくてはならない。ドイツ海軍はこの作戦に、バタヴィアに停泊しているＵ１６８とＵ８６２、そしてスラバヤのＵ５３７を投入することを決めた。

前節で記した通り、1944年10月5日、Ｕ１６８はバタヴィアを出撃し、その最初の一艦として南太平洋を目指した。しかし、その情報は連合軍に筒抜けになっており、10月6日、Ｕ１６８はオランダ潜水艦「ズヴァードヴィッシュ」の待ち伏せを受け、撃沈されてしまった。

Ｕ１６８の沈没は日独関係者に衝撃を与えたが、作戦は続行されることになった。Ｕ１６８沈没の原因は現地のスパイによる通報という説が有力とされた。

11月9日、Ｕ５３７は南太平洋に向かう2隻目のＵボートとしてスラバヤを出撃した。この出撃において、スラバヤ基地司令のホッペ大尉はＵ１６８の惨劇を繰り返さないよう、現地のスパイを欺くための「ありとあらゆるトリック」（おそらく偽情報の発信や、出撃時期の欺瞞《ぎまん》）を行っていた。

だが、Ｕ５３７の出撃は、すぐさま連合軍の知るところとなった。

日本海軍はＵ５３７が誤って日本軍を攻撃する事態を避けるため、周辺の部隊にＵ５３７の航行ルートの詳細を通知していた。連合軍はこれを暗号解読で察知し、U５３７の航路を把握するに至っていた。U１６８の悲劇が繰り返された形である。

暗号解読で入手した情報を活用するべく、アメリカ海軍はジャワ島近海に潜水艦「バッショー」「ガヴィナ」、そして「フラウンダー」で構成された潜水艦グループを派遣した。このうち「フラウンダー」はロンボク海峡で哨戒を行う。

果たして11月10日の早朝、潜望鏡深度で待機していた「フラウンダー」の前面に、潜水艦らしき司令塔が現れた。もちろんこれはU５３７だった。U５３７はこの時、ドイツ海軍潜水艦隊司令部の命令により、12ノットの速力で規則正しいジグザグ航行を行っていた。

午前８時27分、「フラウンダー」は艦長のジェームス・E・スティーブンス少佐の命令により、U５３７に４本の魚雷を放った。魚雷のうち２本が命中、U５３７は爆発炎上し、瞬時に黒煙に包まれた。30分後、「フラウンダー」は水上に浮き上がって周囲を確認したものの、もはやそこには何もなかった。

U５３７は爆沈したのだった。この攻撃により、U５３７に乗り込んでいた58名の乗組員全員が死亡した。その中には、艦長のシュレーヴェも含まれている。

日本海軍もドイツ海軍も、このU５３７の喪失を認識しなかった。このため11月18日、U８６２がバタヴィアを出撃し、U５３７に続く３隻目のUボート、U８６２もU５３７が撃沈されているとは全く思っておらず、同艦長のハインリヒ・ティム大尉は、U５３７がオーストラリア西岸に予定通り向かったことを見越し、自身はU８６２をオーストラリアの南西方および南方に差し向けることにした。

この判断により、U８６２は最終的に獲物を追い求めてニュージーランド近海にまで向かい、２隻の輸送船を撃沈するとともにオーストラリア海軍をパニック状態に陥らせる戦果を挙げることになった。ティムはこの間、僚艦であるU５３７が作戦海域に達したことを確信しており、真実を知ったのは後のことだった。

U537の遺産　WFL26「クルト」の場合

U537の戦争中の動向は、乗組員の大半が緘口令により戦死したため、戦後も長く明らかにならなかった。特に気象観測機材WFL26「クルト」は、ミッションそのものが極めて高度な軍事機密だったため、関わった科学者のすべてが口を噤《つぐ》み続けた。

戦争が終わってから35年後の1970年代後半、フランツ・ゼリンガーという学者がその秘密に手を掛けた。彼は「クルト」を開発したザマーマイヤーと同じ元シーメンス社の技術者であり、ドイツの天候予報の歴史を論文にまとめるためにザマーマイヤーの記録を調べた際、U537と気象観測機材の資料を見つけたのだ。彼はザマーマイヤーの息子などを通じてアーカイブを探し、U537の日誌を見つけ、U537の北米上陸と「クルト」設置の逸話をそこに確認した。だが、ゼリンガーはそれらの資料だけでは、「クルト」がどこに設置されたか、正確な位置を知ることはできなかった。

1981年（昭和56年）、ゼリンガーはカナダ国防省の公式歴史家、ウィリアム・アレクサンダー・ビニー・〝アレック〟ダグラスに連絡を取り、この事実を伝えた。ダグラスはカナダ政府にこれを連絡、カナダ沿岸警備隊と共にマーティン湾に調査に向かい、「クルト」設置場所の現状を確認した。

そこには、約40年前に設置されたの「クルト」が、幸いにもほぼそのままの形で残されていた。ドイツ海軍とU537の乗組員は、結果的にそれまで「クルト」の機密を守り通すことに成功したのだった。

実際には、1977年（昭和52年）にこれとは全く無関係のカナダの地質学者が「クルト」を発見していたのだが、彼らはそれをカナダの軍事施設だと考え、ドイツ海軍のものとは思いもしなかった。

カナダ沿岸警備隊の発見後、「クルト」はヘリコプターで船舶に輸送され、最終的にカナダのオンタリオ州オタワにあるカナダ戦争博物館に展示され、往時の姿のまま、貴重な歴史資料として人々の目に触れている。

U537の遺産　ブルーノ・ディーク中尉の場合

今回の執筆で、最後まで著者の中で残った謎が、ブルーノ・ディーク中尉とU537の関わりである。

彼は本当にU537に乗り込んだのだろうか？

まず、ブルーノ・ディーク氏のドイツ海軍時の外見については、冒頭で紹介した『市民が語る小田原地方の戦争』に、おそらくは君枝・ディークの提供したブルーノ・ディーク本人の写真が掲載されている。

また、ドイツの歴史研究団体に「Historical Marine Archive（以下、HMA）」という組織がある。HMAは第二次大戦のドイツ海軍を中心に、様々な時代のドイツ海軍資料を収集・展示する団体であり、公式のHPも公開している(https://historisches-marinearchiv.de)。HP内にはフォーラム（掲示板）があり、日夜活発な議論が続けられている。

このHPには、元海軍軍人たちの足取りを追う検索システムがある。希望の人物の名前を入力すれば、HMAが把握している限りの該当人物の戦時中の動き……乗り込んだ軍艦やその勤務日数を知ることができるというものだ。

筆者はこのサイトにブルーノ・ディーク氏の名前（Bruno Dieck）を入力し、以下の情報を得た。

名前：ブルーノ・ディーク
階級：海軍中尉
海軍での経歴：U537の1WO（第1士官）。1943年1月〜1944年9月までの207日間勤務。うち戦闘哨戒3度。

この情報が正しければ、ブルーノ・ディークはU537に間違いなく乗っていたということになる。また、彼は戦後まで生き残って日本にいたのだから、数少ないU537の生存者ということにもなる。

また、これより高い精度の情報が、現在のドイツ本土に残されていた。

著者（内田）はドイツ在住の知人、フィィリップ・ヴェンゲル氏の協力を得て、ベルリンのドイツ連邦公文書館に残されていたブルーノ・ディークの軍歴について調査を行った。ドイツ連邦公文書館には、戦後に元ドイツ海軍将兵が民間船舶会社へ就職する際、戦時中の活動が民間船舶会社でのキャリアとして反映されるよう、将兵たちの軍歴の記録が残っており、一般市民でもこれを閲覧可能となっている。

ここに残された資料を元に彼の経歴をまとめると、以下の通りとなる。

ブルーノ・ディーク。1917年（大正6年）7月14日生まれ。戦前に民間の商船会社に入り、帆走練習船「ドイッチュラント」での教育と実務により、いくつかの船舶免許を得た。開戦と同時に海軍に入り、予備少尉となる。

戦時中の経歴

1939年9月から1940年1月、機雷原掃海艇「Ⅲ」に乗り組み。

1940年3月から1940年8月、戦艦「シャルンホルスト」に乗り組み。

1940年9月から1941年6月、哨戒艇「V401」に乗り組み。

1941年6月から1941年8月、第6掃海艇小艦隊。予備中尉。

1941年8月から1942年8月　機雷原掃海艇「19」ないし「174」に乗り組み。

1941年8月から　U152乗り組み（手書きメモで、勤務終了の日付は書かれていない）。

1942年12月から1945年5月まで、U537、U183乗り組み。

1944年7月17日、ブルーノ・ディーク中尉は心の病によりペナンからU183（シュネーヴィント艦長）に乗り込んで出発し、1944年10月19日に東京到着。10月29日から、箱根の「Lager」合宿所の指揮官を命じられた。

なんとブルーノ・ディークは、本当にU537で北米に向かっていただけでなく、さらに極東に向かい、その後にペナンでシュネーヴィントのU183に乗り、そこから日本に渡り、最終的に箱根に辿り着いていたのだ！

第一章第三節で紹介したU183の行動をおさらいしてみると、同艦は1944年7月から10月にかけてペナンに滞在し、その後、バッテリーの交換のために日本の神戸に向かっている。日本の到着時期はいくつかの記録とは異なるものの、少なくとも、10月下旬に日本に到着したことは確実だろう。

前述の通り、U537は1944年8月2日にバタヴィアに到着している。おそらくこの後の2カ月間にペナンへ向かい、そこでU183に乗り込んで日本を目指すことになったと思われる。これは前述のHMAの情報……ディークが1944年9月までU573に乗り込んでいたという記録とも合致する。

ディークがU183に乗り込んで日本に向かった理由は「心の病」となっているが、これが原因で彼がバタヴィアでU537を降りることになったのか、あるいはペナンでそうなってしまったのかは判然としない。

ただ、妻であった君枝・ディークの話によると、箱根に来るUボート乗組員は観光を除けば「害した健康の療養」が主な目的だったとされ、ブルーノ・ディークも同じ理由で神戸で降ろされたと語っており、最初から箱根の合宿所の指揮官になるために、ペナンから箱根に向かったのではないと想像される。

また、ディークが箱根で司令官を務めていたという「Lager」合宿所だが、おそらく「ふるや旅館」とその関連の建物がこの合宿所そのもの、あるいはその一部に該当したと思われる。「ふるや旅館」には彼以外にも病に罹《かか》ったUボート乗組員が多数滞在していたとされ、そこで病死したUボート乗組員のものと伝わる墓も箱根に残されている。

加えて、ドイツ連邦公文書館のディークについての資料には、U537の艦長であるシュレーヴェが、退艦後のディークのために書き記した、彼の働きぶりについてのメモも含まれている。

その内容を要約すると、

「U537の第1士官としてのブルーノ・ディーク中

尉は大変に有能で、優れた航海能力と俊敏な動きと判断力、平均的な知能、下級の者に優しく接する心遣いを持った人物だった。活発な性格で、けれどもUボートの扱いはゆっくりかつ慎重で、優秀な海軍士官というだけでなく、優秀な船員であることも長い航海の間で証明した。

欠点は陸上での勤務に不真面目なことで、彼の気楽な生き方は今も（抄訳者注：おそらくU537を降りた後も）変わっていない。上司からの苦言は短期間だけしか反映されない。彼には指導的な上司の手厚い助けが必要だろう。

身体能力は平均以上で、精神面は平均的だ」

となる。

おそらく、ブルーノ・ディークは陽気な性格の人物で、下士官兵たちに人気があり、陸上での生活態度や上官への態度は荒いものの、Uボートの第1士官としては充分以上の能力を持つ、優秀な人物だったのだろう。その彼が「心の病」に罹ってしまったというのは……Uボート乗組員にとってのUボートでの暮らし、あるいは住み慣れない東南アジアでの暮らしが、そんな人物にとってさえも負担の大きいものだったと想像される。

以上の考察から、ブルーノ・ディークは間違いなく、「北米に侵攻したUボート」ことU537の乗組員であり、また同時に、極東に向かった末、U183に乗り込んで日本へ来て、終戦まで箱根に滞在し、結果的に極東におけるU537の数少ない生存者となった、極めて珍しい来歴の人物だったと言える。

また、そんな彼の戦後の人生も稀有なものだった。

箱根や横浜といった、ドイツ海軍の拠点の置かれた街では、多数の日本人女性とドイツ海軍将兵たちが恋仲となり、中には子供をもうけた者もいるという。また、そうした場所ではドイツ人の男女の出会いも多く、ドイツ人同士の結婚もあった。

しかし、ドイツ海軍所属、それもUボート乗組員のドイツ人が日本人と結婚したという事例は、著者が知る限り、ブルーノ・ディークと君枝・ディークの場合のみである。

君枝は１９２０年（大正9年）の箱根の生まれである。19歳の時に結核となり、４年間、自宅（ふるや旅館）で療養。そして、これが治癒した頃にドイツ人がやってきたという。

君枝の回想によると、ブルーノ・ディークは箱根に来て１９４７年（昭和22年）にドイツに帰るまで、彼女の父が持っていたコテージで暮らしていた。君枝が彼と交流を深めたのはこの間だったと思われる。

ブルーノ・ディークはその後、ドイツに帰国したが、君枝とは赤十字を通じて手紙のやりとりを行っていた。箱根にいた頃のブルーノ・ディークはカタコトの日本語だったものの、言葉の覚えは早かったという。

ドイツに帰国した後、ブルーノ・ディークは働きながら商船学校のキャプテンのコースに通い、資格を取り、アメリカの商船会社に就職。その後も仕事の関係で日本に度々来ていた。そして君枝とディークは１９５２年（昭和27年）6月、箱根町の役場に婚姻届を提出して結婚。君枝はディーク家の一員となり、君枝・ディークとしてドイツ国籍を取得した。

ブルーノ・ディークは結婚前に香港のイギリスの船会社に就職し、結婚後も長く勤めた。最後の３〜４年は日本の三光汽船に勤め、亡くなったのも船の上だったという。１９７７年9月のことだった。そして彼の妻の君枝・ディークも、２００５年に発刊された井上弘、矢野慎一『戦時下の箱根』（夢工房）によると、『市民が語る小田原地方の戦争』の編者たちの取材に応じ、夫についての貴重な証言を残した直後の１９９８年（平成10年）に没したという。

彼女とブルーノ・ディークが出会った箱根のふるや旅館は、「夕霧荘」と名を変え、昭和・平成の時代を通して営業を続けてきたが、コロナショック只中の２０２０年（令和2年）11月に残念ながら廃業となった。北米上陸と極東への進出という二つの奇跡を達成した後、最後は不運にもスラバヤ沖で撃沈されたU537。

彼女は自身が失われた後、さらに一つの愛を成就させるという、３度目の奇跡を起こしたのである……とまとめるのは、いささか感傷的に過ぎるだろうか。

北米に向けて航行中のU537。よく見ると、艦橋後部のターレットから対空火器が失われている。そう、これは本文に記した通り、荒波でFlakvierling38を失った後のU537の姿である! そのためか、乗組員たちが総出で上空を警戒している。(Deutsches U-Boot-Museum)

「Deutsches U-Boot-Museum」提供の写真群の中にあった、今回の主役の一人、U537の第1士官のブルーノ・ディーク中尉の姿。北米行きの航海中の撮影と思われる。生活感溢れるワイルドな風貌で、笑顔が似合ういい男である。
(Deutsches U-Boot-Museum)

今回のエピソードの主役の一人、U537の艦長のペーター・シュレーヴェ大尉。本書で頻出する、元ドイツ空軍の水上機部隊出身のUボート乗りである。顎に生えた無精ひげが、歴戦の指揮官の貫禄を醸し出している。(Deutsches U-Boot-Museum)

望遠鏡を構えるディーク中尉。著者（内田）が「Deutsches U-Boot-Museum」から彼の写真を見せてもらったのは、日本の資料に残された情報のみで、彼がU537の乗組員ではないかと推論を立てて調査を進めていた時期であったため、大変に驚いた記憶がある。（Deutsches U-Boot-Museum）

マーティン湾の近くの海岸にMG15機関銃を据え、警戒中のU537の乗組員たち。後ろの乗組員はMP40を装備している。武装した枢軸軍が北米本土に上陸し、一時的にでも地上を占領したのは、第二次大戦でこれが唯一ではないだろうか?（Deutsches U-Boot-Museum）

他のU537乗組員と笑顔で写るブルーノ・ディーク中尉（中央）。無事に北米での任務を終えた後の記念撮影だろうか？　まさかこの後、自分が極東に赴き、紆余曲折の末に日本人と結婚するとは、思いも寄らなかったに違いない。（Deutsches U-Boot-Museum）

カナダ北方のラブラドール地方沿岸、マーティン湾に停泊するU537。乗組員たちが北米への初上陸を果たした7月22日の撮影とされている。それにしても、まさか本当に北米に侵攻するドイツ軍部隊が存在したとは……仮想戦記もびっくりである。（Deutsches U-Boot-Museum）

1942年に箱根で撮影されたドイツ仮装巡洋艦の乗組員たち。背景は今も芦ノ湖畔で営業中の箱根ホテル。箱根のドイツ海軍将兵というと、1942年11月に横浜港で爆発事故に遭い、その後に帰国できなくなって滞在し続けた人々が知られているが、実際にはそれ以前から、箱根はドイツ海軍の保養所として利用されていた。なお、ブルーノ・ディークが療養していたふるや旅館の所在地は、この箱根ホテルのすぐ近くで、一部のドイツ人向けの食事が箱根ホテルから提供されていたという。(Axel Dörrenbach)

戦時中にドイツ人が掘った池として知られる、現在も箱根にある阿字ヶ池、まさにその当時の写真。作業に当たった、箱根の松坂屋本店旅館に滞在中のドイツ海軍兵士たちが、日の丸とハーケンクロイツとともに勢揃いしている。かなり作業が進捗しているようで、1943年夏の完成後かも知れない。松坂屋本店はこの目と鼻の先にある。(Axel Dörrenbach)

第三章 第一節

U511／呂500インタビュー①
呂500元乗組員・小坂茂氏

本書が刊行された2023年（令和5年）は、太平洋戦争終結から78年となります。戦争に参加した軍人・軍属で存命の方は、最も若い人でも90代半ばに差し掛かっており、直接にお話を伺える方は極めて少なくなっています。

今回ご紹介する元海軍志願兵、小坂茂氏はそうした人物の一人です。

小坂氏は1942年（昭和17年）、16歳の若さで海軍に志願、いくつかの艦艇や教育部隊を経た後、1945年（昭和20年）春に呂500に配置されました。そして、七尾湾で海防艦との協同訓練に参加した後、終戦後の劇的な反乱出撃に関わりました。戦後は呂500の戦友会に参加し、その終焉を見届けた一人となりました。

16歳の海軍志願兵

2018年（平成30年）6月、ラ・プロンジェ深海工学会チームが舞鶴沖の海底で呂500を発見した際、二人の元呂500乗組員がマスコミの取材に応じた。

2023年2月、著者がお話を伺った際の小坂茂氏。戦時中、海軍兵として重巡「最上」と呂500に乗り込んだという経歴を持つ。呂500戦友会の最後を見届けた人物の一人だ。

一人は、島根県松江市に在住の原弘氏（当時96歳）。もう一人は、福井県越前市在住の小坂茂氏（当時92歳）。

このうち、原弘氏は主計科の兵員で、艦長従兵として呂500に乗り込んでいた。戦後に結成された呂500乗組員の集い、呂500戦友会の呼びかけ人にもなった人物である。2018年にマスコミの取材に応じた際には、艦長に託されたという潜望鏡を持つ姿が写真に残されている。

著者は本書に繋がる取材を通じ、二人のうちのもう一人の元乗組員、小坂茂氏の知遇を得ることができた。今回は小坂氏から伺った戦時中の思い出を記すことで、元乗組員が見た呂500の姿を描きたい。

小坂茂氏は1926年（大正15年）5月7日、福井県南条郡武生町《たけふ》（現在の福井県越前市）に生まれた。男五人、女二人の七人兄弟の一人で、父親は酒屋を営んでいた。

地元の尋常小学校に進んだ小坂氏だったが、3年生の頃、最初の転機が訪れる。

「親父がいきなり亡くなってしまいましてね。48歳の若さで。それで家計が立ち行かなくなり、借金のカタで家から何からすべて失いました。子供が多かったものですから。母親はずいぶん苦労したと思います」

小坂氏は1939年（昭和14年）春に12歳で尋常小学校を卒業、高等小学校に進学し、2年後にこれを卒業。その後、大阪で働くことになった。

時に1941年（昭和16年）春。すでに大陸では日中戦争が勃発し、日本の世相は戦争一色となっていた。

「福井から大阪に引っ越して、大阪の住友金属に職工見習いとして働きに出ました。当時はすでに戦争中でしたからね。軍需工場みたいなところで、色々なものを作っていました」

「そうこうしているうちに昭和16年12月に太平洋戦争が始まって、私は翌年に16歳になりました。このまま大阪で仕事をしていれば、いつかは兵隊に取られます。ですが、今のうちに志願して軍隊に入って先に苦労をしておけば、後から兵隊になるよりはマシかなと思って、海軍に志願しました」

「私も軍国少年でしたから、将来兵隊になるのは当たり前のことだ

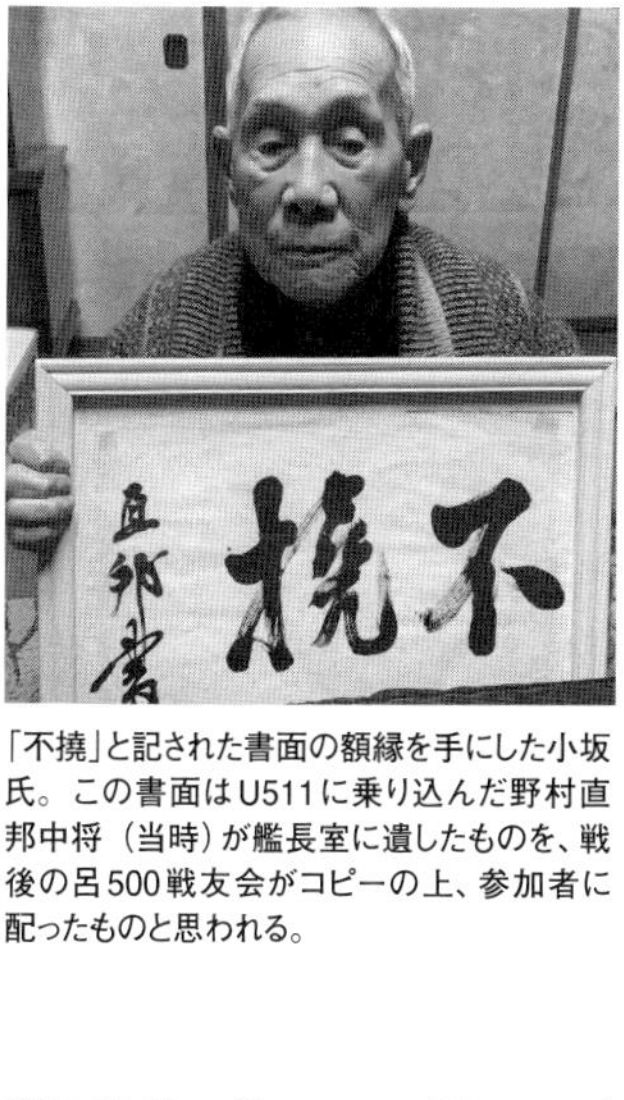

「不撓」と記された書面の額縁を手にした小坂氏。この書面はU511に乗り込んだ野村直邦中将（当時）が艦長室に遺したものを、戦後の呂500戦友会がコピーの上、参加者に配ったものと思われる。

と思っていました。陸軍ではなく海軍に志願したのは、何となくそっちの方が良いなぁと。我が家の男兄弟は五人とも軍隊に行ったのですが、海軍に行ったのは私一人です（笑）」

「今思うと、よく16歳で戦争に行ったものだと思いますねえ。今でいうと高校1年生くらいですからね」

１９４2年9月、小坂氏は呉鎮守府に志願兵として編入され、大竹海兵団で訓練を受けることになった。当時の太平洋では、日米両軍によるガダルカナル島の攻防戦が繰り広げられていた。

大竹海兵団での3カ月間の厳しい訓練の後、小坂氏は海軍二等水兵となり、実戦部隊に配備されることになった。

最初の配置は、重巡洋艦「最上《もがみ》」である。

「呉から佐世保に向かい、当時ドックで修理中だった『最上』に着任しました。その年の末だったと記憶しています」

当時、「最上」はミッドウェー海戦での損傷の修理を佐世保で行っていた。有名な航空巡洋艦への改装も、この時期に実施されている。

「『最上』での配置は砲術科で、第三砲塔でした。といっても、通常は機械が行っているような作業を、機械が損傷した場合に代わりに行う配置だったので、これといって決まった仕事はありませんでした。私達はこれを『スペア配置』と呼んでいました。代わりに、いろんな雑用でこき使われていましたね」

重巡「最上」は１９３５年（昭和10年）就役の歴戦の軍艦で、乗組員も大勢の配属期間が長い、経験豊富な下士官兵たちで成り立っている。小坂氏のような若年の志願兵に、責任ある仕事が任されるはずはなかった。

「『最上』に行ってびっくりしたのは、私的制裁のキツさです。海兵団以上でしたね。毎晩、夜8時に課業が終わるのですが、それから兵長が何かにつけて私たち水兵に整列をかけ、制裁を行うんです。整列が行われる場所は毎回決まっていて、兵長はよく私達のケツを消火栓のホースの先端の部分でぶっ叩きました。怪我をした人もいたみたいです」

1943年(昭和18年)4月末、「最上」は航空巡洋艦としての改装が終わると、小坂氏たちを乗せて瀬戸内海の柱島《はしらじま》沖に向かった。

「当時の柱島には連合艦隊の主力が集っていました。戦艦をはじめとして、いろんな軍艦を目にしましたね。戦艦『大和《やまと》』も目撃しました」

「改装完了後、『最上』の水上機の発射も見ました。バーン！ってものすごい音とともにカタパルトから水上機が打ち出されていくんです。私は砲術科でしたから、他人事でしたけど(笑)」

6月8日、「最上」は柱島沖で、戦艦「陸奥《むつ》」の爆沈事故に遭遇する。

「最上」は事故当時、「陸奥」の沈没が敵潜水艦の攻撃によるものと判断して、対潜攻撃を行った。まさか「陸奥」のような連合艦隊の主力の戦艦が、ただの事故で沈むなど、現場の艦艇からしてみればまさしく想定外の出来事で、「最上」がそう誤認したのも無理はない。

「事故の後、『最上』からカッターを出して、溺者や遺体の回収に向かいました。私は最若手だったから、カッターを漕ぎました。カッターに網を張って、それに引っかかるものを拾っていくんです。残念ながら、生きている人間は誰も拾えませんでしたね……」

7月、「最上」は重巡洋艦の「利根《とね》」や「筑摩《ちくま》」、第十戦隊などからなる艦隊の1隻として、陸兵を乗せてトラックに向かい、そこからラバウルに向かった。ラバウル到着後、再びトラックに取って返し、7月26日に到着する。

「詳しい日付は忘れましたが、トラックで横須賀の砲術学校に入れという辞令をもらい、トラックから船で日本本土に戻りました」

この後、「最上」は1943年11月のラバウル空襲で被弾して多数の死者・負傷者を出し、さらに1944年(昭和19年)10月のレイテ沖海戦で西村艦隊の1隻としてスリガオ海峡に突入、10月25日朝の空襲で致命傷を負い、味方駆逐艦に撃沈処分された。

「私は『最上』に帰りたかったのですが、内地で『最上』は沈んだと元『最上』乗組員に知らされました」

若手には厳しい環境だったが、小坂氏にとって「最上」はそれほど居心地の悪くはない艦だったという。

潜水艦乗組員への道

小坂氏は横須賀の砲術学校で砲術の専門的な知識を学んだ。入学した頃、階級は上等兵になっていたという。

「砲術学校では、私のような艦艇出身者と陸上部隊の出身者とでは差がありました。艦艇出身者は鍛えているから、きびきび動けるんです」

3カ月の教育の後、新たな配置を命じられる。

「佐世保で機帆船に乗ることになりました。乗組員15人くらいの、小さなフネです」

「機帆船は大分県の佐伯を拠点にして、豊後水道の警戒に当たりました。といっても、まだ当時は潜水艦の出現も頻繁ではなく、空襲の恐れもないので、のんびりとした仕事場でした。暇だったので、釣りをよくしていましたね」

半年後の1944年秋、潜水艦乗りとなるために、新たに呉鎮守府の潜水学校への編入を命じられる。

この時期、日本海軍は米海軍に対して圧倒的な劣勢となりつつあり、日本海軍は寡兵でも敵に打撃を与えられる潜水艦部隊や特攻兵器の利用に活路を見出そうとしていた。小坂氏の潜水学校への編入は、そうした流れを汲んでいると思われる。

「潜水学校で潜水艦を勉強して、潜水艦に乗れって言われた時は、あまりいい気分はしなかったですね。私はこれまで、水上艦で勤務するための訓練を受けてきたわけだから」

「潜水学校では、潜水艦についての基本的な知識を学びました。急速潜航訓練を行ったことを憶えています。水平線上にチラっと航空機が見えたら、すぐに潜航するんです。甲板上の人間は大慌てで司令塔のハッチから中に入り、梯子《はしご》に足を引っかけてサーっと下に降りる。ハッチの真下には落下に備えてクッションが置いてある。最後に見張りの指揮官が責任を持ってハッチを閉じて、ハッチをつかみながら身体全体を回して密閉します。私のような砲術科の人間は、艦橋の見張り員よりもさらにハッチから遠い場所にいますから、緊急潜航の命令が下ったら、すぐにハッチに向かわないと間に合いません。ハッチをくぐろうとした時、もうすぐそこまで水が来ているんです」

　再びの短期間の教育の後、小坂氏は新たに呉防備隊潜水艦基地隊に赴任する。

「潜水艦基地隊での仕事は、衛門を守る衛兵でした。基地の目の前の衛所で、出入りする人たちを確認するんです。これもらくちんな仕事でしたね」

　基地隊の衛兵の任務に就いていると、潜水艦基地隊に出入りする潜水艦の動向も必然的に耳に入ってくる。いつ、どんな潜水艦が呉に到着したか、あるいは出ていったか、話が聞こえてくるのだ。そしてそれゆえの役得のようなものもあった。

「潜水艦は補給の際、大量の食料を受け取ります。そして潜水艦の中では、主計科が乗組員にたばこや酒、甘いものといった嗜好《しこう》品を出撃前に分配します。その後は自分の手持ちとして保管していくわけです。つまり、補給を受けた後の潜水艦の乗組員たちの手元には、大量の嗜好品がある。これを利用して、私達のような兵隊は、どこどこの潜水艦が食料を積み込んだという話を聞くと、その潜水艦の同期生に会いに行き、ついでに余っている嗜好品をもらいに行くんです。私も呉海兵団の同期生に会いに行って、お菓子などをもらいました」

「潜水艦基地隊には色々な潜水艦が出入りします。中でも印象的なのは、潜水空母の伊４００型潜ですね。大きかったです。シュノーケルという、潜航しながら充電ができる機材を積んでいるということで噂になっていました。回天を装備した伊号も目撃しました」

「１９４５年3月19日の呉空襲の際には、上官の下士官と二人で潜水艦基地隊の事務所にいました。敵機はみな別の場所に向かいましたから、私達は特に避難することなく窓から空襲を見ていました。空襲が終わった後、捕虜となったアメリカのパイロットが、近くの捕虜収容所（内田注：呉海軍刑務所と思われる）に連れていかれるのを目撃しました」

　呉空襲を体験した後の１９４５年春、小坂氏は最後の配備先となる呂５００への転属を命じられる。

　当時、呂５００は呉鎮守府特設対潜訓練隊あるいは舞鶴鎮守府第五十一戦隊に属し、能登半島の七尾港を拠点に、新鋭の海防艦群の訓練に携わっていた。

小坂氏に転属の辞令が届いた日付は判然としないが、呂500の呉から七尾への回航が4月上旬に実施されていること、小坂氏に七尾に冬服を着て向かった記憶があることから、4月半ばから下旬の出来事と想像される。

この時、小坂氏の階級は下士官の最下級に当たる二等兵曹となっていたという。

「えらいことになったなぁと思いました。当時は呂500が練習潜水艦だなんて知らなかったし、潜水艦基地隊にいた関係で、呉を出撃した潜水艦が出撃後に何隻も戻ってきていないことを知っていましたから。実戦に出たら、まず助からないな、と」

下士官の見た呂500

小坂氏は呉から電車を乗り継いで七尾に向かった。スケジュールを工夫して、移動の途中で福井の実家に寄ることができたという。

潜水艦学校を卒業したとはいえ、小坂氏にとって呂500は初めての潜水艦勤務。しかも呂500はドイツからの譲渡品。若い下士官の目に、「日の丸を掲げたUボート」はどう映ったのか。

「七尾で呂500に乗り込んで驚いたのは、機材の名前が全部ドイツ語で書いてあったことです。もちろん私はドイツ語ができませんし、他の乗組員も一緒です。機材で分からないことは他の乗組員に聞くしかない」

第一章第二節で記した通り、U511は日独乗組員の協同訓練の末に引き渡され、呂500として再就役するわけだが、艦の運用についてのマニュアルがあったかどうかは判然としない。

日本海軍によって徹底的に研究された呂500にマニュアルの類がなかったとは考えづらいが、小坂氏の回想のように、兵装の操作のような細かな事項は、基本的には口伝えされていたのかも知れない。

「呂500で真っ先に教えられたことは、便所の使い方でした。潜水艦は水中にいることが多いわけですが、その間にトイレを使うとなると、気圧の関係で逆流しないように、正しい手順を踏まないといけない。これに失敗するとトイレの中身が逆流してひどい目に遭います。だから、これを真っ先に教えるのです。呂500はドイツ製ですから、日本の潜水艦とはトイレの操作が全く違っていました」

まあ呂号ですから当然なんですが、狭い印象を持ちました。

「乗組員は三直制でした。乗組員三人のうち、一人が当直に立ち、もう一人が休憩したり『スペア配置』として他の仕事に就いたり、残りの一人がベッドで寝ているんです。ベッドの数も三人に一人でした。寝床が足らないのか、魚雷の上で寝ていた人もいますね」

「食事は良かったです。潜水艦基地隊で出てきたご飯は麦の混じったご飯ですが、こちらは完全な白米です。潜水艦乗りですから、その分優遇されたんでしょうね」

「航海中の食料は缶詰でした。色々種類がありましたが、食べた後は穴を空けて、海中に廃棄した後、浮かんでこないようにしないといけませんでした」

「水上艦艇でよくやる〝ギンバイ(物資のちょろまかし)〟は、呂500ではありませんでした。そもそも狭いですからね。けど、乗組員に分配されるものですから、食料の詰め込みの際にいくらかこっそり抜いておいて、それを士官に献上するんです。そうすると、士官も分かっていて、その一部がおこぼれとしてこっちに回ってくる(笑)」

「給料は良かったです。ひと月に100円ちょっともらっていました(内田注:現代の価値に換算すると約50万円)。銀行に振り込まれるのではなく、紙幣でもらいました」

小坂氏の配置は砲員だった。呂500は日本海軍への編入に伴い、乗組員全員が日本人に変わったが、すべての兵装はドイツ製のまま。つまり、小坂氏は日本海軍でも数少ない、ドイツ海軍の火砲を扱った人物となる。

「呂500の砲員長は中田静男という下士官の方でした。面倒見のいい人物で、色々なことを教えてもらいました。潜水艦は魚雷が主兵装ですから、砲員は数が少なかったですね」

「呂500には甲板備え付けの10・5㎝砲（主砲）と対空機関砲2門がありました。私は主砲の射手で、引き金を引くのが仕事になりました。砲弾は艦の底にあって、他の人が運んでくれました」

「でも、呂500で敵に主砲を撃つ機会は一度もありませんでした。戦時中の訓練でも撃った記憶がありませんね……」

呂500の主砲の10・5㎝砲はドイツの火砲であり、砲弾もドイツ製。おそらく砲弾の備蓄は、呂500がドイツから持ってきた分しか残されていなかっただろう。消耗分を補充できたとは考えにくい。つまり、呂500にとってはここぞという時にしか使えない兵器であり、訓練であっても、おいそれと使うことはできなかったと思われる。

「呂500は魚雷も発射しませんでした。他の乗組員に聞いた話だと、魚雷はドイツから持ってきたものより日本製の方が良いそうです。なんでも、発射された魚雷がジャンプしてしまうのだとか」

「甲板上の主砲は潜航時も出しっ放しで、海水に浸かったままです。放っておくと錆びてしまいますから、頻繁にグリスを塗って保護していました」

「潜航してしまうと、私のような砲員には仕事がありません。ですから、いろんな仕事の『スペア配置』に就きました。私の場合は舵の操作です。日本の潜水艦と違って、ボタン操作で上からの指示に従って舵を動かすんです。方向はメーターを見て確認します。単純な作業ですから、ずっとやっていると眠くなって困りものでしたね。うつらうつらしている間に操作を間違えそうになったり（笑）。でも、機関科だけは仕事が専門的でしたから人員が固定で、『スペア配置』はなかったと思います」

「呂500は日本の潜水艦よりも深く素早く潜れました。さすがドイツ製、伊号よりも頑丈にできているんだなと思いました」

呂500の所属する第五十一戦隊は、七尾湾で海防艦の訓練に携わっていた。この訓練について、小坂氏は「あまり記憶に残っていない」という。

「覚えているのは、潜望鏡を上げ下げしていたことです。たぶん、海防艦の見張りの訓練のために、潜望鏡をわざと海面に突き出して、それがどう見えるのかを教えていたんでしょうね。潜望鏡にも色々種類がありますから」

海防艦と潜水艦による協同訓練は、海防艦側としては、戦地で生き残る確率を少しでも増すための必死の作業となる。しかし、潜水艦側からすれば、ただ海中を訓練内容に従って動き回っているだけに過ぎない。砲員の小川氏の出番は「スペア配置」でなければなく、訓練の模様の記憶が少ないのも自然と言える。

一方、小坂氏は呂500の拠点となった七尾の街については、それなりに覚えているという。

「小さな港町でした。乗組員たちはみんな、七尾に下宿を借りて、休日に風呂に入るために上陸していました。旅館とかでなく、普通の民家と交渉して、部屋を借りていました。七尾で兵隊さんは珍しかったらしく、みんな簡単に泊めてくれました」

「潜水艦では足を伸ばして寝られませんし、風呂にもろくに入れませんしね。私も七尾に一人で下宿を借りていました。そういうあれこれは、みんな、他の乗組員に教えてもらうんです」

呂500が七尾湾で海防艦の訓練に従事している頃、沖縄では日米の激戦が展開され、6月末までに日本軍の組織的戦闘は終了した。

戦いの舞台は日本本土方面に移り、日本海軍への譲渡以来、戦闘とは無縁だった呂500も、その情勢に巻き込まれていく。

終戦と反乱出撃

7月末、呂500は青森県の大湊で修理を行っていた。

「大湊では空襲を受けました。私はあまり覚えていないのですが、仲間の話だと、空襲を避けるために潜航した……ということです」

大湊の空襲というと、8月9日から10日にかけて行われた米機動部隊による空襲が想起される。しかし、第五十一戦隊側の回想では、8月12日にソ連参戦を受けて呂500が七尾を出撃して舞鶴に向かったという話があり、時系列的に合致するかは疑問が残る。

他の呂500乗組員の回想でも、8月9日〜10日の空襲についての話は出ていないため、おそらく小坂氏が回想した「大湊での空襲」はそれ以前のB-29によるものと思われる。7月28日の青森空襲に乗じて行われたものか、あるいは単機による偵察かも知れない。

呂500は大湊での修理の後、一旦七尾に戻り、12日に対ソ戦への参戦命令を受けて舞鶴に向かった。小坂氏は「終戦の2〜3日前にソ連への攻撃命令を聞いた」と回想しており、この12日の七尾出撃と合致している。

「ついに実戦への出撃ということで、舞鶴で補給を受けました。ソ連と戦うのだと聞いていていました」

「補給で艦内は食料で満載になり、魚雷や弾薬も積み込まれました。皆、これが最初で最後の出撃だと思っていました。給料も3カ月分を先払いでもらいました。300円という大金です（内田注：現代の価値に換算すると約150万円）。舞鶴には遊郭がありましたから、上官たちに『お前たち、これが娑婆《しゃば》を楽しむ最後の機会だぞ』と言われて、みんなそちらに遊びに行きました。私ももらった缶詰を持っていった記憶があります。当時、食料品は貴重ですから、缶詰を持っていくと良いサーヴィスを受けられました」

「もらった300円の給料については別の思い出があります。私も、こりゃ生きては帰れないなぁと思いましたから、何とかして『自分は元気で征った』ということを家族に伝えて、手元の給料を家族の元に送りたいと思いました。でも、場所は舞鶴で、福井に向かうような知り合いは一人もいません」

「仕方がなく舞鶴の街を彷徨《さまよ》っていたら、偶然にも挺身隊（内田注：恐らく女子勤労挺身隊）として舞鶴の工場に働きに来ていた富山出身の女の子と出会いましてね。その子に家族への手紙と住所、それと3カ月分の給料を渡して、富山に戻る途中に福井に寄って、実家に渡してほしいって頼んだのです。見ず知らずの人だったんですけど、それだけ切羽詰まっていたんですねぇ」

「広島や長崎への原爆投下については、噂くらいでしか聞きませんでした。何か、大きな爆弾が落ちたらしいと……」

しかし、対ソ戦の準備を進めていた8月15日、呂500に突然の終戦が訪れる。

「8月15日に玉音放送があるという通達がありました。でも、呂500はラジオの調子が悪かったので、代表の人間が隣に停泊していたフネに聞きに行ったんです。しばらくするとその人たちが帰ってきて、ワンワン泣いている。どうしたんだと思ったら、『戦争に負けた』と。出撃直前のことですから、びっくりでした」

「ただ、私も終戦を知った時、心の中では泣いていましたね。これまで日本は一度も戦争に負けたことがなかったのに、と。あと、中国や満洲で日本がひどいこと、旨《うま》いことをしてきたから、その報復を受けるんじゃないかと。男はアメリカにキンタマ抜かれて男じゃなくなるんじゃないかと。女は女でいられなくなるんじゃないかと」

そして呂500は、終戦を機に、伊201や伊202と協同しての、前代未聞のソ連への反乱出撃になだれ込んでいく。

「あまり覚えていませんが、終戦後、艦長からの訓示があったんだと思います。これから自分たちはウラジオ（ストク）に出撃して、ソ連を攻撃するんだと……」

「私も乗り気になっていました。死ぬのは怖くない。むしろ、このままではアメリカに何をされるか分からない。最期には海賊にでも何でもなってやろうじゃないかって……」

8月18日、呂500はついに最初で最後の、実戦のための出撃を迎える。

「出撃の時、呂500の艦橋にはいつの間にかドクロのイラストが描かれていました。日の丸の赤色の部分を白で塗りつぶしてドクロにしたんです。誰が描いたのかは分かりません」

「艦橋には『南無八幡大菩薩』の旗が翻《ひるがえ》っていました。あと、潜望鏡には、何故かこいのぼりが立っていました」

「出撃の時、舞鶴軍港は大騒ぎで、岸壁が人で埋まっていました。終戦で工廠の作業がパタンと止まってしまって、みんな暇していたんでしょうね。何万人なのか……すごい見送りでした」

「私たちも鉢巻を締めて、甲板上に並んで、見送りに応じながら出撃しました。出撃した潜水艦は呂５００のほか、伊２０１と２０２の、合計３隻だったと思います」

　呂５００は18日から19日にかけて、敵船を求めて日本海を北上した。小坂氏によると、もはや空襲の恐れはないということで、この時、呂５００は水上を航行していたという。

「でも、出撃の次の日辺り、上から帰ってこいという命令があって、それに従って舞鶴に帰りました」

「帰ってみると、舞鶴にはだーれもいません。桟橋にさえ誰もいなくて、仕方がなく乗組員が泳いで桟橋に渡って、呂５００から投げられたロープを繋いで艦を固定しました」

　幸い、舞鶴の潜水艦部隊の反乱出撃は大ごとにならず、乗組員たちは日本海軍や米軍からお咎《とが》めを受けることなく復員を開始した。

「私は舞鶴に帰ってきてからほどなく復員を命じられました。福井に戻ることになったのですが、気になったのは挺身隊の女の子に渡した３カ月分の給料です。ですが、幸いすぐに再会できました。何でも、終戦となったので軍需工場での仕事がなくなり、友達と数日、舞鶴で遊んでいたのだと（笑）。おかげで無事に給料を回収できました」

「艦を離れる時、たくさんの缶詰をお土産にもらいました」

「福井に戻る時は、その女の子と一緒になって電車に乗りました。彼女は富山でしたから、途中まで一緒でした」

　福井の実家に戻ると、母親が出迎えてくれた。

「福井に戻って驚いたのが、食糧不足の深刻さです。呂５００では毎日白米が当たり前だったのに、ここでは混ぜ物のご飯です。おかげで、持ち帰った缶詰は喜ばれましたね」

「終戦後、しばらく実家でダラダラしていたのですが、１９４５年の12月に、そろそろ何かをするかと思って、日本通運に就職しました。それから約35年、定年までこの会社に勤めました。仕事の内容はトラックの運転で、日本中どこにでも行きましたね」

「幸い、我が家の男兄弟は五人全員が戦争から生きて帰ってきました。実家の場所も戦後の引っ越しで変わりました。けれども、そのせいで戦時中と連絡先が変わってしまい、戦友たちとの連絡は途絶えてしまいましたね」

トラック運転手として働いている時も、小坂氏から、子供の頃に抱いた軍国少年らしい海への憧れは消えなかった。

「朝鮮戦争が始まって自衛隊の募集が始まった時、今の仕事を辞めて自衛隊に入ろうかどうか、真剣に悩みました。けど、結局は自衛隊には行きませんでした。今思うと、それで良かったんだと思いますね」

呂500戦友会の終焉を見届けて

「私が呂500の戦友会の存在を知ったのは、平成に入ってからです。新聞に、呂500で直属の上官だった中田静男さんの取材記事が載っていて、そこで呂500の戦友会の話があったんです。それで中田さんに連絡を取ってみたら、呂500戦友会の縁ができて、戦友会に参加することになりました。ただ、残念ながら中田さんには一度もお会いできませんでした。色々話をしてみたかったんですけどねぇ」

「呂500の戦友会は昭和から続いていました。事務局は私の古い住所に何度も手紙を送ったんだけれども、戦後に引っ越した影響で、全部住所不定で帰ってきたそうで（笑）」

小坂氏の手元には、2002年（平成14年）4月に開催された「第33回 呂500戦友会」（愛知県蒲郡市三谷町《みや》・サンヒルズ三河湾）の写真があった。小坂氏は参加している。参加人員は有志を含めて16名。

「それから2〜3回、戦友会には参加しました。けれど、だんだんと人が少なくなっていって、最後には解散になりました」

他の小坂氏の写真によると、少なくとも2007年

(平成19年)5月に、岡山で戦友会が開かれたこと、小坂氏がこれに参加したことが確認できる。参加者は11名。小坂氏はこの戦友会の宴会で、得意の謡曲を披露している。

小坂氏の回想を踏まえると、これが最後の呂500戦友会だったかも知れない。

1971年の第1回の開催からその終焉まで35年以上。戦友会としては、かなりの長寿となると思われる。

その後、戦友たちとは年賀状のやりとりなどで交流があったものの、次第にその数は少なくなっていった。

呂500が再発見された2018年の段階で、連絡が取り合える戦友は、共にマスコミのインタビューを受けた原弘氏のみだったという。

小坂氏は呂500について、こんな感想を口にしてくれた。

「最後に乗ったのが呂500で良かったと思っています。他の潜水艦だったら、娑婆の土は踏めなかったかも知れませんからねぇ」

呉鎮守府大竹海兵団で訓練中の小坂氏(最前列右端)とその仲間たち。当時、小坂氏は16歳。現代に例えると高校生に当たる年齢の少年たちが、この海兵団で厳しい訓練を受け、前線に向かっていった。(小坂茂)

兵長時代の小坂氏。向かって右の胸元に、潜水艦学校卒業者に与えられる徽章が飾られている。小坂氏によると、呉潜水基地隊に配属されていた頃に呉市街で撮影した写真だという。（小坂茂）

一等水兵（一水）時代の小坂氏とその戦友。写真のメモに「最上乗組の頃、呉で」とあること、背景に海原と船のイラストがあることから、1943年4月末〜7月、呉の写真館での撮影と思われる。海兵団での厳しい訓練と「最上」乗組を経験し、心なしか、凛々しい雰囲気となっている。（小坂茂）

呉の海上自衛隊潜水艦桟橋。日本海軍もここを潜水艦桟橋としており、小坂氏が勤務した潜水艦基地隊も近くに置かれた。U511が呉で初めて停泊したのも、この場所とされる。（内田弘樹）

第三章 第二節

U511／呂500インタビュー②

呂500を見つけた男
「ラ・プロンジェ深海工学会」代表理事・浦 環氏

2018年（平成30年）6月21日、日本中に驚くべきニュースが発信されました。第二次大戦後、舞鶴沖で米軍の手で沈められたとされていたドイツのUボート、呂500（ドイツ海軍での名称はU511。以後、呂500で統一）が再発見されたのです。

再発見の立役者は、東京大学名誉教授である浦環氏の率いる一般社団法人「ラ・プロンジェ深海工学会」の調査チーム。

同チームの調査は6月18日から19日にかけて行われ、綿密な検証の末、舞鶴沖に沈んだ呂500と、その他2隻の潜水艦の発見と特定が果たされました。

著者（内田）はこのニュースに大いに感動し、これに後追いする形で呂500の戦史分野での調査を開始、最終的に本書の刊行にこぎつけました。浦氏の功績がなければ、この本も日の目を見なかったでしょう。浦氏率いるチームの調査こそが、本書刊行の大きなきっかけとも言えます。

呂500の調査がどのように行われたのかは、現在でも多数の関係組織・関係企業のインターネットサイトに掲載されています。しかし、どのような理由で浦氏が呂500をはじめとする沈船の調査に関わるようになったのかは、あまり詳らかとなっていません。

そこで今回は、特別に浦氏にお話しを伺い、呂500再発見に辿り着くまでの行程や、今後の展望について語っていただきました。

一般社団法人 ラ・プロンジェ深海工学会
代表理事・浦環氏（浦環）

●浦環氏プロフィール

1972年　東京大学工学部船舶工学科卒業
1974年　東京大学大学院工学系研究科修士課程修了
1977年　東京大学大学院工学系研究科博士課程修了　工学博士
1977年　東京大学生産技術研究所講師
1978年　東京大学生産技術研究所助教授
1992年　東京大学生産技術研究所教授
1999年　東京大学生産技術研究所海中工学国際研究センター長
2007年　IEEE（The Institute of Electrical and Electronics Engineers）フェロー、東京大学機構海洋アライアンス機構長
2013年　東京大学名誉教授
2013年　九州工業大学社会ロボット具現化センター　特別教授
2017年　一般社団法人ラ・プロンジェ深海工学会　代表理事

●主な著書

『海中技術一般』（成山堂書店、1992年）
『海中ロボット』（成山堂書店、1997年）
『大型タンカーの海難救助論 シー・エンプレス号に学ぶ』（成山堂書店、1999年）
『五島列島沖合に海没処分された潜水艦24艦の全貌』（鳥影社、2019年）

きっかけは「鉄腕アトム」

浦環氏は日本の海中ロボット研究の第一人者として知られている。

浦氏の経歴は前掲のプロフィールを見ていただくとして、まずはどうして氏が海中ロボットに興味を持ったのかを語っていただいた。

「最初に私が研究していたのは、沈没船を発見するためのロボットではなく、海底熱水地帯と呼ばれる場所を調べるためのロボットでした。海底熱水地帯は海底の火山地帯の近くで熱水の湧き出ている場所で、金属鉱物資源の存在が期待されています。その資源の調査や採取に役立てるロボットというわけです」

「海中ロボットの研究を始めたのは１９８４年（昭和59年）でした。その時、ロボットの形態として選んだのが、ＡＵＶと呼ばれる自律型海中ロボット（ＡＵＶ：Autonomous Underwater Vehicle）です。ＡＵＶというのは、人が操作せず、全自動で行動するロボットのことです」

「ＡＵＶはその名の通り、自分で自分を律する、自分でものを考えるロボットです。基本的に操作に人の介入（遠隔操縦）がありません。だから、遠隔操縦のためのケーブルが必要ありません。ロボットにケーブルを付けてしまうと、ケーブルの長さで行動範囲が限られてしまいますし、目的地に向かう船の上に、ロボットと一緒にケーブルも載せないといけない。ケーブルを引き上げる器材も載せないといけない。必然的に母船も大きくなってしまう。そうした面倒を省くメリットがＡＵＶにはあります」

「例えば２０１９年（令和元年）、故ポール・アレン氏の財団のチームがミッドウェー海戦で沈んだ空母『赤《あか》城《ぎ》』を発見して話題になりましたが、あの時、故ポール・アレン氏の財団の調査チームが『赤城』発見のために投入したロボットはＡＵＶでした。『赤城』は水深５４９０ｍの深さの海底に横たわっており、この深さの海底をくまなく調査ができるロボットは、ＡＵＶだけなのです」

「一方、ケーブルでつながれた遠隔操縦可能なロボットはＲＯＶ(Remotely Operated Vehicle)と呼ばれています。ＲＯＶはケーブルに繋がれている代わりに、それほど深くない海を人の手を介して綿密に調査することに向いています。私が海中ロボットの研究を始めた１９８０年代、すでに海底研究の道具の主流はＲＯＶとなっていました。そんなのを研究しても面白くない！ので、敢えてＡＵＶの研究を行うことにしたんです」

ＲＯＶはＲＯＶで、海洋研究に大きな成果を挙げている。２０１５年（平成27年）、シブヤン海の海底１０００ｍに沈んでいた戦艦「武蔵《むさし》」を発見したのは、当時まだ存命だったポール・アレン氏率いる調査チームが投入したＲＯＶだった。

「深い海で行うお金になりそうな仕事ってほとんどないんですよ。でも、私たちはエンジニアだから、そうした前提をひっくり返す研究をしたい。私がそのために選んだのが、海底熱水地帯の調査であり、ＡＵＶだったというわけです。ＲＯＶはＲＯＶで便利なのですが、先にも言った通り本格的なＲＯＶになればなるほど必要な機材や人員、母船も大きくなって、運用に莫大な費用が掛かるようになっていく。プールで動かすにはいいけれど、陸地から遠く離れた海の深い海底を調べる手段としては、簡単には使えず、現実として難しい部分がある。だから、ＡＵＶはＡＵＶで独自の立ち位置があるわけです」

「ＡＵＶの研究に舵を切った理由はもう一つあって、それは手塚治虫のマンガ、『鉄腕アトム』の影響です。よく知られている通り、アトムは自分でものを考えて、人の役に立とうとするロボットです。私は手塚治虫が大好きだったので、自分の手で『鉄腕アトム』のような自律型のロボットを生み出したいと思いました」

「同じ理由で、私と同じ団塊の世代辺りの日本の大学のロボット学者はみんな二足歩行ロボットが大好きですね。だから、海外の研究者たちによく不思議がられます。どうして日本人は、みんなそんなに二足歩行ロボットが好きなんだって（笑）」

沈没船調査にかける想い

　現在の浦環氏は、海中観測・作業やその機器の開発、深海を含む海中活動に関する様々な活動を行っている。その中の主軸の一つには、一般社団法人ラ・プロンジェ深海工学会の代表理事として、沈没船の調査もある。２０１８年の呂５００の発見、また、その前後に行われた各地での戦没船の調査は、その成果と言える。

　なぜ、浦環氏は沈没船の調査に乗り出したのか。

「直接のきっかけは２００９年（平成21年）でした。この年の4月14日、九州沖で第11大栄《だいえい》丸という漁船が沈没し、多くの犠牲者が出ました。その後、紆余曲折《うよきょくせつ》を経て9月24日に引き揚げが行われたわけですが、その間、5カ月もの時間が掛かっています。大栄丸が沈没したのは約86mの深さ。民間であればすぐさま引き揚げられる技術を持っているのに、国はそれをすぐに活用できなかった。最終的には呂５００の調査にも協力していただいた深田サルベージ（深田サルベージ建設株式会社）が引き揚げを行ったのですが、実施までにあまりに時間が掛かり過ぎている。民間に技術があるのにそれを最速で活用できないというのは、日本という国、そして日本の国民にとって良くないことです。私はその頃から海中技術のキャンペーンを行い、技術力を示さないといけないと思っていました。国や国民に海中技術を活用してもらうには、それが一番です」

「２０１３年（平成25年）に東京大学を辞めた後、私はそのキャンペーンの一環として戦艦『武蔵』を探そうと思いました。『武蔵』はシブヤン海に沈んでいて、沈没地点についての情報が豊富です。日本の海中技術を示すには最適の存在です。結果的に『武蔵』はポール・アレン氏が発見しましたが（笑）。とにかく、日本の海中技術の高さを示すには、人の目を引く、重要な存在を発見することが必須です。そうしなければ話題になりませんし、話題にならなければ、国や国民に技術の高さを示し、行政を動かすことはできません」

「今でも熱水地帯の調査は行っていますが、残念ながらこの調査で国民の耳目を集めることはできません。

もちろん資源の調査は大事で、報道はされるんですが、それだけでは海中技術の重要性というのはなかなか伝わらない。だからこそ、私は日本周辺の沈没船の発見でもって、国民にそれを分かりやすい形で伝えたいと思っています」

「舞鶴沖の呂500の再発見も、それ以前の五島列島沖の伊58や伊402などの再発見も、究極的にはそのための手段でした。軍艦の歴史的な調査も大事ですが、私の目的は、まずそこにあるわけです」

運命の分かれ道「伊58呂50特定プロジェクト」から呂500の調査へ

沈船調査の分野で浦氏の名前を世に知らしめたのは、2017年（平成29年）に実施された五島列島沖での調査プロジェクト、「伊58呂50特定プロジェクト」である。

このプロジェクトは、終戦後、米軍の手で五島列島沖にて自沈させられた旧日本海軍の潜水艦群、その中でも特に武勲艦としてその名が知られている伊58と呂50の再発見を目的にしたものだった。このプロジェクトについては、浦氏自身の著書である『五島列島沖合に海没処分された潜水艦24艦の全貌』（鳥影社、2019年）に詳しい解説が掲載されている。

結論を先に言うと、このプロジェクトで浦氏は見事に伊58と呂50、さらにその他20隻以上の沈没潜水艦の所在を突き止め、その現在の様子を映像で一般に届けることに成功した。特に、艦首を海底に垂直に突っ込む形で（つまり、海底に頭から「突き刺さる」形で）その姿をとどめていた伊47の姿は衝撃的で、浦氏、そして日本の深海調査技術の高さを日本中、いや世界中に示すことになった。

そしてこの調査の成果が、次の呂500の調査の実動に繋がっていく。

「伊58調査の最初のきっかけは、2015年に行われた日本テレビの『真相報道 バンキシャ！』で行われた、五島列島沖に沈んだ伊402の調査でした（2015年8月16日放送）。私は日本テレビにこの番組に関連して相談を受けていて、結果的に番組の企画として伊402は発見された。でも、五島列島には伊58をはじめとする多数の潜水艦が未発見のまま残っている。それは良くないということで、私が『伊58呂50特定プロジェクト』を立ち上げたというわけです」

「沈没船の調査で最も重要なのは、沈没船の場所探しです。場所が分からなければ、どれだけ関係者の回想などが残っていても、探しようがありませんから。幸い、五島列島沖の場合は、日本テレビの伊402の調査のおかげで、だいたいの場所が分かっている。場所が分かれば、海中にロボットを投入して、詳細な調査が行えます」

「まず、2017年5月20日から22日、五島列島沖の沈没潜水艦群の場所を特定するべく、サイドスキャンソナー（SSS）で海底を調査しました。SSSとは、船に曳航されたフィッシュと呼ばれる器材から扇状に音波を発し、周囲の海底状況を広く把握できる装置です。この調査で私たちは、例の、海底に突き刺さった伊47をはじめとする多数の潜水艦群の姿を捉えることができました。その時の精神的な衝撃は大きく、また、その記者会見での反響も大きかったため、この一件で沈没船調査から足抜けはできなくなりました。我が生涯最大の分かれ目の一つでしたね（笑）」

「その後の8月22日から25日までの4日間の調査では、SSSで得た情報を元に各潜水艦の近くにROVを投入し、その映像を捉えるとともに、艦名の特定を行いました。結果、すべての潜水艦の現状を確認し、かつ、4隻の波101型潜水艦を除く20隻の潜水艦の特定ができました」

「この調査で大きかったのは、調査の様子をリアルタイムでお茶の間に放映できたことです。この方式は国立研究開発法人情報通信研究機構とドワンゴ(株式会社ドワンゴ）の協力を得てできました。お陰様で、多くの方にこの調査の実態を知らせることができました」

「リアルタイム放送を含め、この伊58調査で培われたノウハウは、そのまま呂500の調査にも引き継がれました」

浦氏が伊58に続くターゲットとして選んだ、舞鶴沖の呂５００の調査を行ったのは、約1年後の、２０１８年6月18日から6月21日に掛けてだった。

「『伊58呂50特定プロジェクト』が成功に終わったことで、次のプロジェクトの実動にも目途が付きました。問題は、次のターゲットを何にするか、です」

「私が最初に目を付けていたのは伊２０２でした。伊２０２は日本海軍が終戦間際に完成させた最初の水中高速型の潜水艦で、多くの技術的な革新がなされています。これを発見することは、歴史的にも、深海技術の普及のためにも、大きな意義があります」

「伊２０２は１９４６年（昭和21年）4月、アメリカ軍によって佐世保の近くの向後崎《こうござき》西方で沈められました。同じ日には、他に4隻の波２０１型潜水艦も同じ海域で沈められています。伊２０２を発見できれば、他の4隻も続けて発見できるかも知れません」

「私が入手した資料によると、伊２０２はかつて深田サルベージによって発見されたということでした。場所が分かれば、ＲＯＶ等の投入による調査が現実的になります。しかし、深田サルベージから提供された資料を検討すると、どうも深田サルベージがかつて発見したものは伊２０２ではないようでした。情報の精度が粗い以上、再発見は困難に思われました。いやもちろん、今でも見つけ出したいと思っていますが」

「代わりに浮上したのが、舞鶴沖に沈んでいると言われた呂５００でした。こちらもかつて深田サルベージが発見したという話があり、その資料もいくらか残っていました。そして、他の資料と付き合わせて、深田サルベージがかつて発見したものは、呂５００あるいは同じタイミングで舞鶴に沈められた他の2隻（伊１２１、呂68）である可能性が高いと判定されました」

「この呂５００の調査でも国立研究開発法人情報通信研究機構とドワンゴの協力が得られることになり、リアルタイムで調査を放送する目途が立ちました。また、クラウドファンディングにより４６０万円の支援が集まり、これをボートのチャーター費用などに充てることができました」

呂500、発見!

2018年6月の呂500についての調査がどのように行われたかについては、幸いなことにいくつか分かりやすい資料が当事者、あるいは第三者によって作成されている。

そのうちの一つとしては、株式会社ドワンゴが運営する「ニコニコ大百科」内の「『呂500』探索プロジェクト」の項があり、そこに記された調査の内容を順にまとめれば、以下のようになる。

◆6月18日午前6時、出発地の福井県越前市から生中継開始。午前8時、潜水艦沈没地点の候補地の一つ「福井水試(シンヤマ)」に到着。ソナー等で全長70mの平たい沈没船のようなものを発見。検証の結果、これは潜水艦ではなく戦時徴用船ではないかという推測がなされ、調査ターゲットから外される。

◆6月19日午前5時半から放映開始。午前中にソナーで早くも2隻の潜水艦と思しき艦影を発見。沈没船の大きさから、うち1隻を呂68と特定。発見されたもう1隻は伊121ではないかという推測がなされる

◆6月20日午前5時に放送開始。前日に発見した伊121と思しき艦影にROV投入。動画の検証の結果、この潜水艦は伊121ではなく呂500だと確定。

◆6月21日午前5時に放送開始。残りの1隻、伊121と思しき艦影をソナーで発見。ROV投入で外観を確認。深夜の解説と検証により、伊121と特定。呂500調査プロジェクト完遂!

「6月18日に調査した海域、私たちが『福井水試(シンヤマ)』と呼んでいた場所は、福井県水産試験場から提供されたデータから、沈没船らしいものが存在すると私たちが推測していた場所でした。一方、翌日以降の調査の場所は、かつての深田サルベージが沈没船を発見したという記録が残る場所でした。どちらも、米軍が記した3隻の沈没地点の場所と違っています。記録の通り、最初に『福井水試』を調査したのですが、ここに沈んでいるのは別の船舶だと分かったた

め、翌日以降、深田サルベージの資料の座標を調査し、立て続けに3隻を発見・特定することができました」
「呂500の特定には、終戦後に撮影された呂500の写真が役に立ちました。呂500はUボートなので、他の日本潜水艦にはない外見的な特徴がいくつもあったのです。終戦後の写真でもそれが確認できました。つまり、その特徴をROVが届けてくれた動画でも確認できれば、呂500であるという特定ができる。幸い、海底の呂500はほとんど破損しておらず、Uボートとしての形状も終戦後と同じように残されていたので、艦名の特定は容易でした。特に艦首にムアリングホールが空いているのは3隻の中でUボートの呂500しかなかったので、これが決定打になりました」

呂500はドイツ生まれのUボートであるが、戦後70年以上経過した後の再調査でも、その特徴が発見・特定の決め手になろうとは、まさか当のドイツ海軍・日本海軍の関係者でも夢想だにしなかっただろう。

行政との戦い　呂500調査の舞台裏

本書の第一章で記した通り、呂500は日本に様々な革新的な工業技術をもたらした。中にはプラスチック成形機のように、現代の日本の工業を支えるまでに発展した技術もある。戦時中の日独交流の実際を知る上でも、また、戦後の日本の復興と発展を顧みる上でも、呂500の再発見は大変に意義深い。

呂500の発見も、伊58の発見と同じように、日本の深海技術を世界に発信する役割を立派に果たしたと言えよう。

ただ、呂500の調査に当たって、浦氏の調査チームは、これまでの調査では考えられなかった行政上の困難にも直面することになったという。

「呂500の調査で思い出すのは、財務省とのチャンバラですね。出資の話でもなく実際の斬り合いでもないのですが」

「まず、そもそもの話、戦時中に沈んだ軍艦を調べるには財務省の許可が必要になります。日本の領海内で沈没している軍艦は日本の国有財産で、財務省の管轄です。呂500の調査を行うには、呂500の調査について行政に相談したところ、近畿財務局か北陸財務局のどちらかに申請書を出せという返答をいただきました」

「私はそれを聞いて怒りました。なぜって？　だって財務省が管轄している国有財産は、『そこに存在しているのが確定している』ものとして、財務省がそれのある場所を知っていて、きちんと管理していないとおかしいじゃないですか。でも、実際には財務省は呂500がどこにあるかも把握していないし、本当に呂500がそこにあるのか誰にも分からない。私たちはそれを確認しに行くのに、なんで財務省に事前の許可を得ないといけないんだって（笑）。きちんと国有財産の台帳に書いてあるのかよって。発見した後に国有財産として認知するならともかく、そりゃないだろうって。あ、この話、収録しても構わないですよ、事実なので（取材陣爆笑）」

「問題はもう一つありました。気に入りませんが、申請書を出さないといけないにしても、近畿財務局と北陸財務局、どちらに出せばいいのか、行政側でも指示が下されなかったんです」

「呂500が沈んでいると見なされた舞鶴沖合は、近畿財務局の管轄する京都府と、北陸財務局の管理する福井県の沖合にあります。また、その洋上の区分は存在せず、準じるとすれば海上保安庁の区分となり、それは洋上の地図に線を引く形で示されます。でも、呂500はその線の境界線上に沈んでいるかも知れないわけで、正確な緯度経度による判定が必要とされます。だから私は行政に、海上の区分の緯度経度の正確な数字を教えてくれと言ったんですが、答えは『そんなものはないので、どちらか一方に申請書を出せばいい』というものでした。そんなのありなのかよ！（取材陣再び爆笑）」

「結局、どちらか判定が付かなかったので、私の判断で北陸財務局に申請を出しました。当時、近畿財務局は自民党の森友学園問題で揉めていて、下手に関われば何かとばっちりがあるかも知れない。だから、安全そうな北陸財務局にしました」
「呂500の調査にはそんな面白い話もありました。とはいえ、ここで私が伝えたい大事なことは、日本の行政の区分には、洋上の区分がないということです。本屋に売っている日本の地図だと、なんとなくこの島からこの島の近くまでは○○県、という線引きが行われていますが、それは実際の行政上の区分を反映していない。埋立地であれば『陸地』になるので各県・各地方の行政区分が反映されるのですが、洋上にはそれがないんです。最初の第11大栄丸の話もそうですが、沈没船の調査というのは、とてもよく分からない行政的なものなんです」
「行政的といえば、沈没船からの遺骨収集も縛りを受けます。日本の厚生労働省としては、日本の領海内の、遺体が残された沈没船は墓場であるという認識で、そこから遺体を引き揚げることは墓荒らしと同義であるから積極的に行えないという現実があります。しかし、そんなことを言っているといつまで経っても沈没船からの遺骨収集は行えません。日本にはその技術があるわけですから、いい加減、その認識を改められないかと思っています。沈没船の船内に眠る人々は、国のために戦って死んだのですから、国がお金を投じ、責任をもって探索、回収するべきだと思っています」

今後の展望について

呂500の調査が終わった後も、浦氏は積極的に沈没船の調査に関わっている。

2018年以降の調査実績は以下の通り。

2018年：大洋丸探査プロジェクト
2021年：東京湾B-29探索プロジェクト
2022年：アルバコア探索プロジェクト

最後の「アルバコア探索プロジェクト」は、大戦中に空母「大鳳《たいほう》」などを撃沈する活躍を見せたものの、1944年（昭和19年）11月に津軽海峡付近で沈没したアメリカ潜水艦「アルバコア」の探索を目標としたものだった。このミッションは計画の立案や実動がコロナショックの最中となり、延期を繰り返すことになったが、最終的に2022年（令和4年）10月の第二次調査をもって、調査チームが発見した潜水艦が「アルバコア」だと日米双方で確認されるに至った。

今回の取材の末尾として、浦氏に今後の調査についての意気込みを語っていただいた。

「最近は深海工学会事務所のある五島列島の、第二次大戦中の戦争遺跡の調査にも力を入れています。この島（五島列島福江島）にも陸軍の部隊が駐屯していて、レーダー基地などが置かれていました。最近の調査では、レーダーサイトのいくつかの台座の位置を特定し、その下のコンクリートの蓋を剥がして地下の部屋を発見したりもしました。今まではそれが何か分からなかったのですが、以前に伊58の調査でお世話になった方がやってきて、一緒に調査しました。そんな感じで、最近は平和で楽しい生活を送っています（笑）」

「南西諸島の話題としては、沖縄近海で回天を載せたまま沈んだ日本海軍の軍艦、第18号輸送艦の話もあります。私の夢に、回天の実物を引き揚げたいというのがありまして、この調査もいつか行いたいと思っています。ただ、沈んだ場所の海底が深くて、中々難しそうです。回天は別の場所にも何隻か沈んでいるという話があります。死ぬ前に果たしたい夢の一つですね」

「他の沈没船の探索としては、北海道留萌《るもい》沖で終戦後に沈んだ2隻の引き揚げ船『小笠原丸』と『泰東丸《たいとう》』（昭和20年8月22日に発生した、いわゆる三船殉難事件の沈没船）の再発見を行いたいです。ロシアがウクライナに侵略している現状で2隻の現在を確認し、その映像を一般の人々に見せることは、日本の安全保障や平和について考える上で大きな意義があると思います」

「あと、みんなからお願いを受けているのは、沖縄特攻で戦艦『大和《やまと》』と一緒に沈んだ軽巡『矢矧《やはぎ》』ですね。人気のある軍艦だから、すごくプレッシャーがあります（笑）」

「近年でも、日本近海でいくつもの海難事故が相次いでいます。例えば今年の4月には、沖縄県宮古島沖で陸上自衛隊のヘリコプターが墜落し、引き揚げまでに1カ月が掛かりました。相変わらず国の動きは遅いと感じています。もっと民間の技術を活用してほしいと思っていますし、そのためには、言い方は悪いですが、私たちはもっと刺激的なターゲットを発見しなければなりません。それが国民の利益になると信じています」

「その意味で、ミリタリー関係のコンテンツのファンの皆様には、とても感謝しています。伊58や呂500の調査でも、クラウドファンディングで大いに助けられました。どんな背景があったとしても、興味を持ってもらわなければ、沈没船のような見えないものは見えないままです」

「私はもうかなり歳を取りましたから、できることは限られています。あとは、私の後に続く人が出てくるように、できるかぎりの成果を重ねていければと思っています」

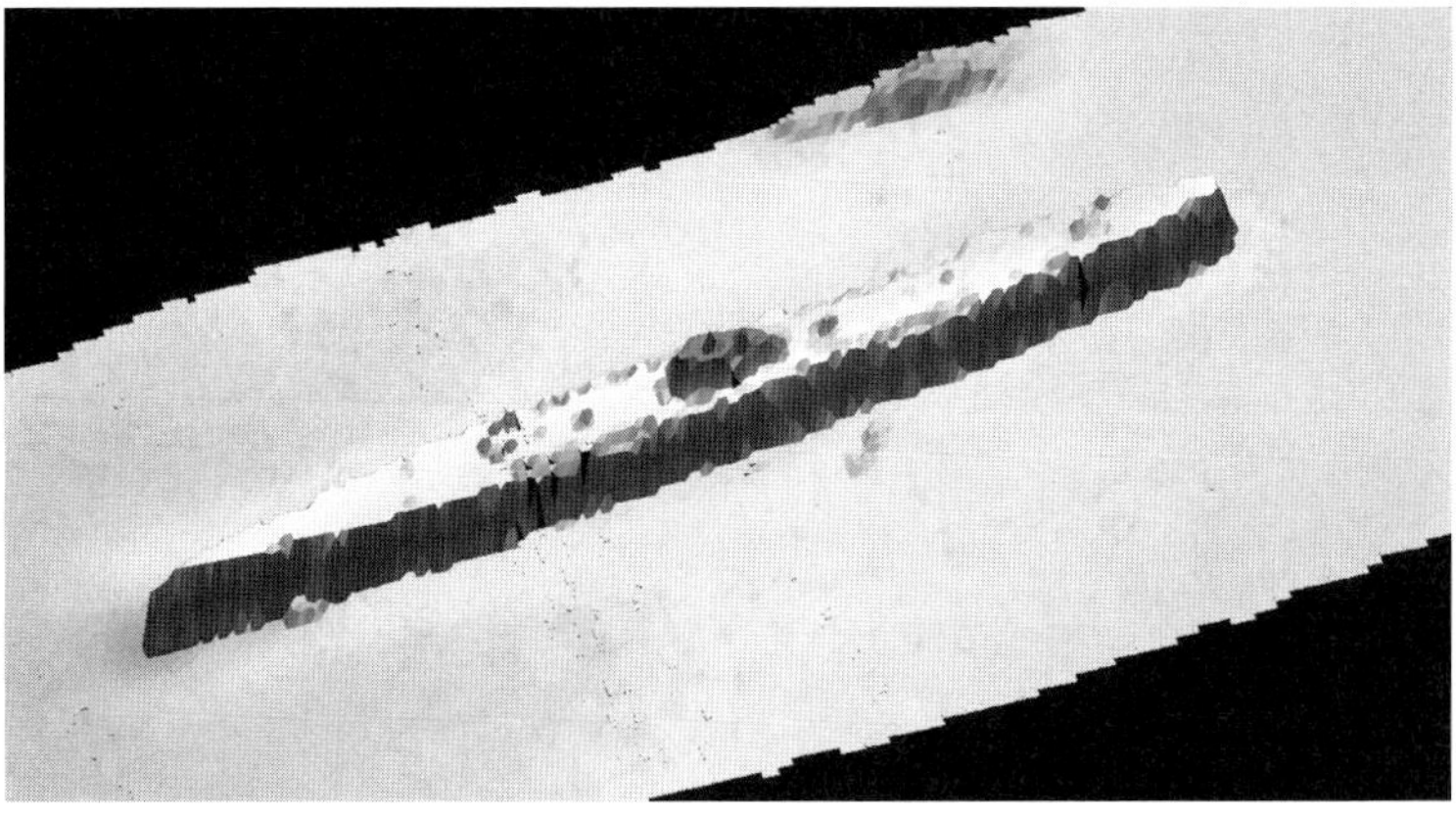

2018年6月19日の舞鶴沖での調査において、マルチビームソナーで捉えた、海底に鎮座する呂500の艦影（左下が艦首側）。長大な船体と小ぶりな艦橋という、呂500=U511の特徴が大まかに捉えられている。なお、この調査では株式会社東陽テクニカのマルチビームソナー「SONIC 2024」が使用されたことが、同社HPの解説ページに記されている。
（222 ～ 224ページの写真提供：ラ・プロンジェ深海工学会）

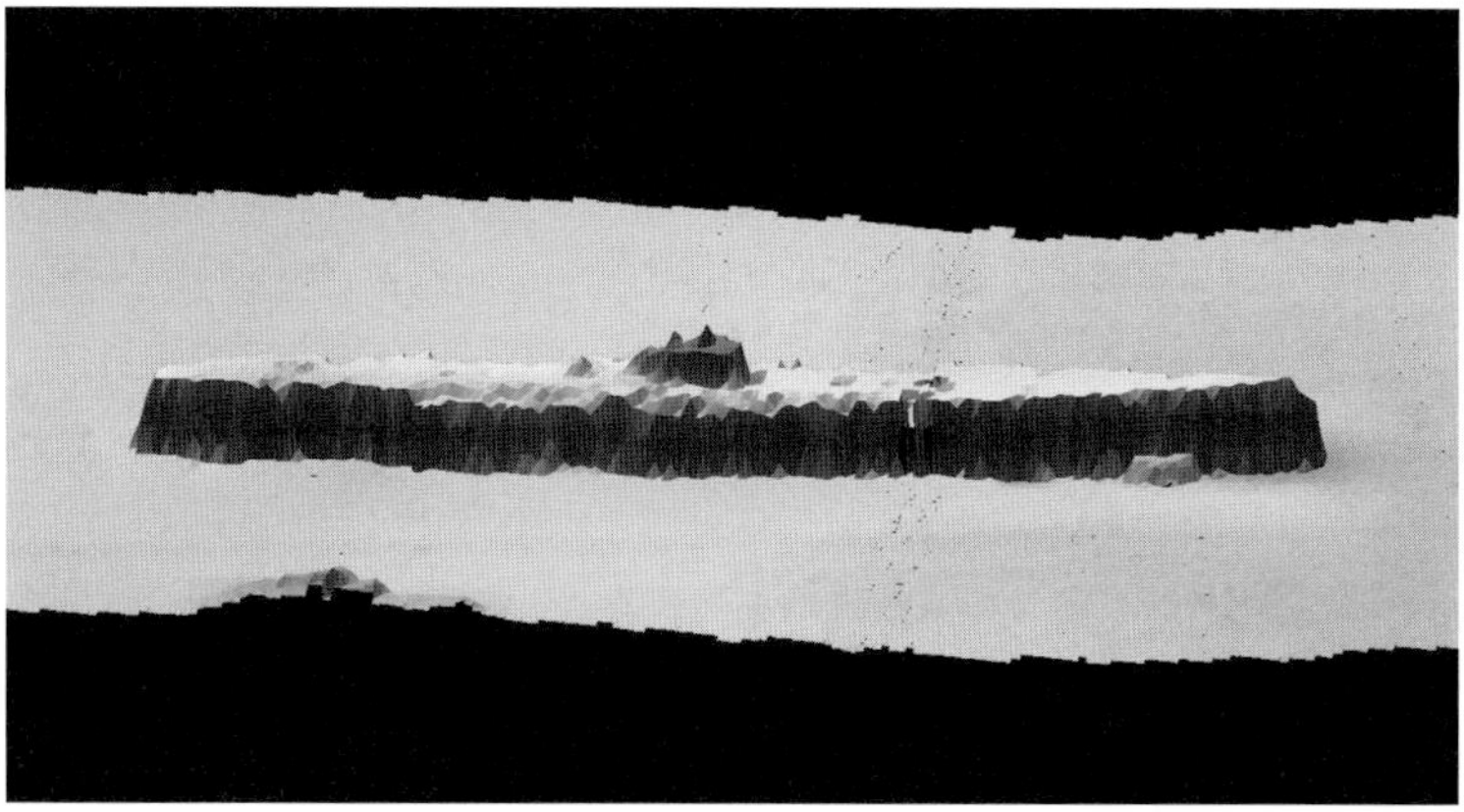

マルチビームソナーが捉えた呂500の右舷側。この段階での特定作業では、艦首側（写真の右側）の海底付近にある出っ張りが注目された。これはマルチビームソナーから放たれた音波がUボートⅨC型の特徴である艦首側・吃水線下の潜舵を反射した結果（音波が潜舵で遮られるため、画像としては出っ張りのように見える）と判断され、呂500である可能性が極めて高くなった。

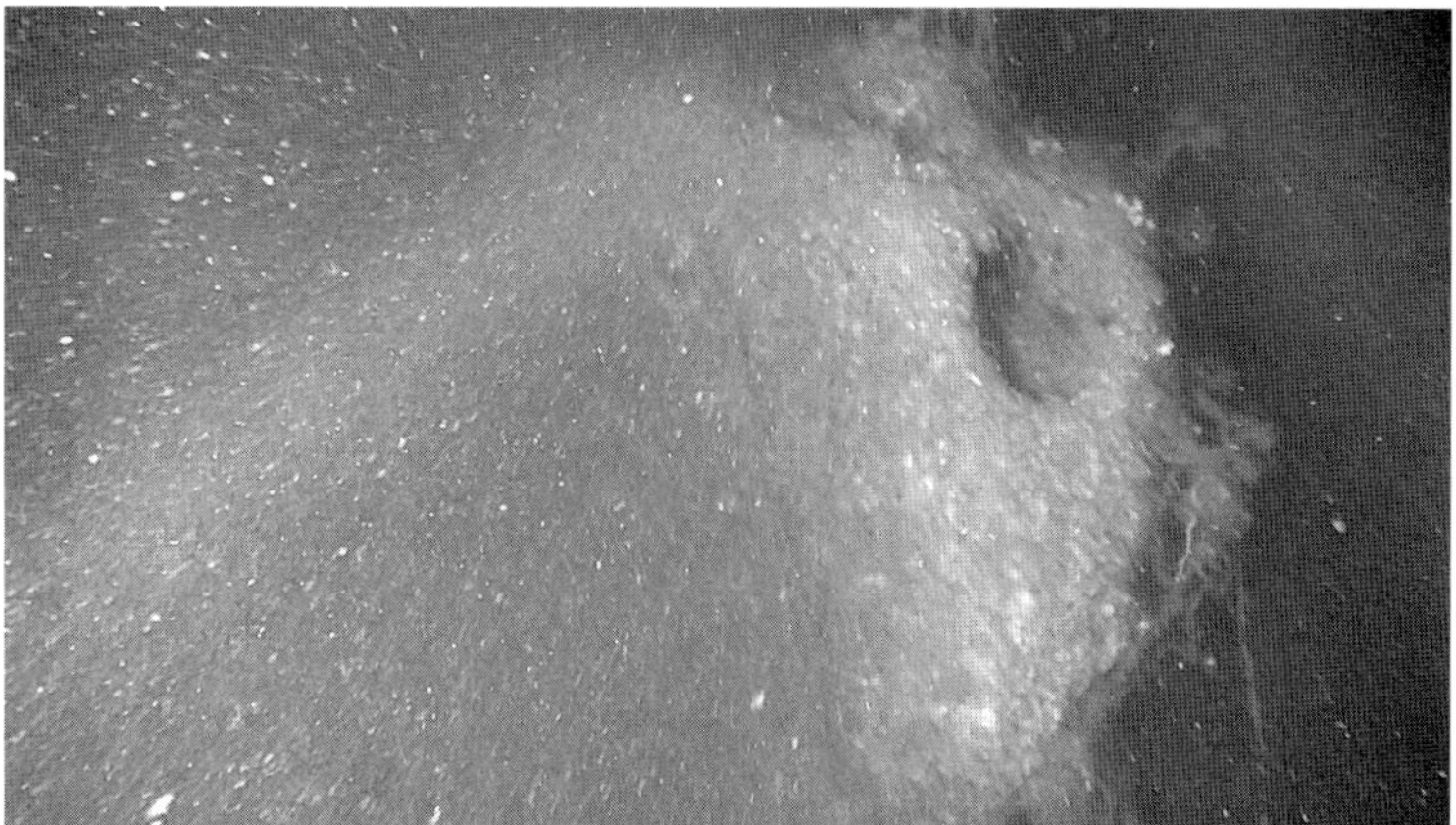

6月20日、マルチビームソナーによる前日の調査で得られた情報を元に、その付近に投下されたROVが捉えた呂500の艦首先端。ムアリングホール（係留索を通す穴）の形状がUボートⅨC型と同一で、かつ、終戦後の呂500の写真の形状とも合致していたことから、この潜水艦が呂500だと特定された。

呂500の艦橋構造物の前部を右舷側からROVで撮影したカット。海底の呂500は原型を保っていたものの、全体に腐食が進んでおり、一見してどこの区画かは分かりにくい。艦首のムアリングホールが残っていなければ、特定はより困難だったかも知れない。

呂500の艦橋頂部を、右舷後部から艦前方を見るように撮影したカット。UボートⅨC型は艦橋に攻撃用潜望鏡と対空監視用の潜望鏡各1基や各種の観測機器を備えていたが、写真にこれらが写っているか否かは判然としない。

ROVにより撮影された呂500の艦橋後部・右舷側。左側のパイプ状のものは対空機関砲座の手すりにも似ているが、終戦後の写真で確認できる手すりの形状と合致しないようにも見える。あるいは、船体外鈑が腐食して内部がむき出しになった部分かも知れない。

参考文献

■和書（商業出版）
野村直邦「潜艦U511号の運命 秘録・日独伊共同作戦」読売新聞社、1956年
木俣滋郎「日本海防艦戦史」図書出版社、1994年
木俣滋郎「日本潜水艦戦史」図書出版社、1993年
北尾謙三「ぽんぽん主計長奮戦記」サンケイ新聞社、1978年
岡本孝太郎「舞廠造機部の昭和史」文芸社、2014年
井浦祥二郎「潜水艦隊」朝日ソノラマ、1998年
H・シェッファー「U-ボート977」朝日ソノラマ、1984年
山本佐次郎「両舷直の航跡」成山堂書店、1994年
海防艦顕彰会 編「海防艦戦記」原書房、1982年
吉岡観八「見た、戦った、戦争の惨」ヒューマンドキュメント社、1986年
酒井進「南海の墓標」新風舎、2004年
高森直史「海軍食グルメ物語」光人社、2003年
石川美邦「横浜港ドイツ軍艦燃ゆ」光人社、2011年
新井恵美子「帰れなかったドイツ兵 太平洋戦争を箱根で過ごした誇り高きドイツ海軍将兵」光人社、2010年
箱根温泉旅館協同組合 編「箱根温泉史」ぎょうせい、1986年
井上弘、矢野慎一「小田原ライブラリー15 戦時下の箱根」夢工房、2005年
戦時下の小田原地方を記録する会 編「市民が語る小田原地方の戦争」戦時下の小田原地方を記録する会、2000年
戦時下の小田原地方を記録する会 編「焦げたはし箱 語り伝えよう戦時下の小田原」夢工房、1992年
上田浩二、荒井訓「戦時下日本のドイツ人たち」集英社、2003年
H・エドワーズ「蒼海の財宝」東洋出版、2003年
内藤初穂「狂気の海 太平洋の女王浅間丸の生涯」中央公論社、1983年
内藤初穂「海軍技術戦記」図書出版社、1976年
メラニー・ウィギンズ「Uボート戦士列伝 激戦を生き抜いた21人の証言」早川書房、2007年
レオンス・ペイヤール「潜水艦戦争 1939-1945」早川書房、1973年
平間洋一「第二次世界大戦と日独伊三国同盟 海軍とコミンテルンの視点から」錦正社、2007年
デヴィッド・ミラー「Uボート総覧 図で見る「深淵の刺客たち」発達史」大日本絵画、2001年
ジェオフリイ・ジョーンズ「狼群作戦の黄昏」朝日ソノラマ、1990年
造船会 編纂「造船官の記録 続」今日の話題社、1990年
日本造船学会 編「昭和造船史 第1巻（戦前・戦時編）」原書房、1977年
永井芳男、神原周「高分子物語」中央公論社、1969年
市川靖人「ああ、海軍ばか物語」万有社、1989年
白石良「敷設艇怒和島の航海」元就出版社、2012年
浦環「五島列島沖合に海没処分された潜水艦24艦の全貌」鳥影社、2019年
勝目純也「日本海軍の潜水艦 その系譜と戦歴全記録」大日本絵画、2010年
吉野泰貴「潜水空母伊号第14潜水艦 パナマ運河攻撃と彩雲輸送「光」作戦」大日本絵画、2015年
岩重多四郎「戦時輸送船ビジュアルガイド 日の丸戦隊ギャラリー2」大日本絵画、2011年
「［図説］Uボート戦全史」学研プラス、2004年
「日本の潜水艦パーフェクトガイド」学研プラス、2005年
「WWⅠ WWⅡ Uボートパーフェクトガイド」学研プラス、2006年

■和書（戦友会誌、私家本など）
山本勲「不撓 日独潜水艦共同訓練時代を偲ぶ」1995年
土井申二「生還 軍艦初鷹の想い出」1980年
呉市企画部呉市史編纂室 編「呉を語る 体験手記集」2003年
岐阜県寒天協会 編「岐阜寒天の五十年史」1975年
海軍七洋会「太平洋情報戦記 海軍特信班」1983年
昭三会「海軍回顧録」1970年
海軍兵学校第七四期会 編「江鷹 卒業五十周年記念誌」1995年
伊202潜友会「水中高速 伊202潜水艦史」1992年
吉田信二「空母龍鳳の航跡」1980年
佐世保鎮守府潜水艦合同慰霊碑建立委員会「浮上 佐世保鎮守府潜水艦合同慰霊碑記念誌」1986年
鶴桜会「舞鶴海軍工廠造機部の記録」各号
鶴桜会「鶴桜会会誌」各号
渡辺博史「鉄の棺 日本海軍潜水艦部隊の記録」各巻、ニュータイプ
渡辺博史「潜水艦関係部隊の軍医官の記録 本編」「同 資料編」1991年

■和書（防衛省関係）
防衛庁防衛研修所戦史室「戦史叢書」各巻
木俣滋郎「第2次大戦中の枢軸国艦艇の東洋方面に於ける作戦行動に関する調査」（防衛研究所史料室所蔵）

■和書（雑誌）
「タミヤニュース」各号、タミヤ
「丸」各号、潮書房光人新社
「丸別冊 太平洋戦争証言シリーズ」各号、潮書房
「世界の艦船」各号、海人社
「水交」各号、水交会
「波濤」各号、兵術同好会
「グラフィックアクション」各号、文林堂

■洋書
Otto Giese、James E. Wise Jr.「Shooting the War」Naval Institute Press、1994年
Horst H. Geerken「Hitlers Griff nach Asien 2」A BukitCinta Book
Paul Kemp「U-Boats Destroyed」Naval Institute Press、1997年
Lawrence Paterson「Hitler's Grey Wolves: U-Boats in the Indian Ocean」Frontline Books、2016年
Jak P. Mallmann Showell「Hitler's Naval Bases: Kriegsmarine Bases During the Second World War」Fonthill Media、2014年
Jak P. Mallmann Showell「U-boats of the Second World War: Their Longest Voyages」Fonthill Media、2017年
David Stevens「U-Boat Far From Home」Allen & Unwin、1997年
Nino Oktorino「Nazi di Indonesia: Sebuah Sejarah yang Terlupakan」Elex Media Komputindo、2015年
「Magazine 39-45 No.299 U-BOOT 537 Mission secrète en Arctique」Editions Heimdal、2012年

James E. Wise Jr.「Sole Survivors of the Sea」Naval Institute Press、2008年
Geoffrey Bennett「The Pepper Trader: True Tales of the German East Asia Squadron And the Man Who Cast Them in Stone」Equinox Publishing、2006年
Georg Högel「Embleme, Wappen, Malings: deutscher U-Boote 1939-1945」Koehlers Verlagsgesells、2001年
Jochen Brennecke「Haie im Paradies: Der deutsche U-Boot-Krieg in Asiens Gewässern 1943-45」Koehlers Verlagsgesells、2002年
Achille Rastelli「Sommergibili a Singapore 1943: l'odissea di un marinaio friulano」Ugo Mursia Editore、2009年
Rudolf Wolfgang Müller「Amphibisches Leben: Aufwachsen in zwei Welten」OAG Deutsche Gesellschaft für Natur- und Völkerkunde Ostasiens (Tokyo)、2009年
Crew 35「50 Jahre Crew 35. Stralsund, 3. April 1935-Hansestadt Lübeck, 19. September 1985.」1985年

■新聞記事
「ヒトラーの贈り物 Uボート日本来航記」(朝日新聞地方版(広島)連載記事、2012年8月29日～9月6日、9月26日)
「『ニッポンクルー』続・Uボートの記録」(朝日新聞地方版(広島)連載記事、2013年8月18日～25日)

■インターネットサイト
国立公文書館 アジア歴史資料センター
https://www.jacar.go.jp/
なにわ会HP
https://naniwakai-navy.com/
ニコニコ大百科「呂500」探索プロジェクト
https://dic.nicovideo.jp/a/「呂500」探索プロジェクト
東陽テクニカ
https://www.toyo.co.jp/
uboat.net
https://uboat.net/
U-Boot-Archiv Wiki
http://www.ubootarchiv.de/ubootwiki/index.php/Hauptseite
Deutsches U-Boot-Museum
https://dubm.de/
U-boat Archive
https://www.uboatarchive.net/
Das Historische Marinearchiv
https://historisches-marinearchiv.de/
Barbara's Story Leslie Helm Leslie Helm
https://www.lesliehelm.com/barbaras-story/
Naval History and Heritage Command
https://www.history.navy.mil/

■取材協力、資料提供
(各写真の写真提供者はキャプション文末に記載)
大和ミュージアム(呉市海事歴史科学館)
防衛研究所史料室
豊の国宇佐市塾
ドイツ連邦公文書館(Bundesarchiv)
浦環(ラ・プロンジェ深海工学会)
小坂茂
山本和恵
平基志
森川悠作
Axel Dörrenbach
Deutsches U-Boot-Museum
Wolfgang Ockert
Phillip Wengel

本書の執筆には多数の文献、インターネットサイト、識者から提供された資料、直接の聞き取りの記録等を参考とさせていただきました。すべての関係者に深く御礼を述べさせていただきます。

ありがとうございました。

また、本書の執筆には著者の能力の限界により、多数のオーラルヒストリーの範疇に入る資料や二次資料を利用しています。このため、著者が閲覧できなかった資料の利用や今後の研究の進展などによって、本書の記述が覆される可能性もあります。何卒ご容赦を請い願うとともに、今後の同分野での研究の発展を心より祈念させていただきます。

内田弘樹
仮想戦記「幻翼の栄光」(有楽出版社)でデビュー。主な著作に「どくそせん」「枢軸の絆」(イカロス出版)、「シュヴァルツェスマーケン」(ファミ通文庫)、「艦隊これくしょん -艦これ- 鶴翼の絆」「機甲狩竜のファンタジア」(富士見ファンタジア文庫)、「ミリオタJK妹!」(GA文庫)がある。

日の丸を掲げたUボート

2023年11月30日発行

著者……内田弘樹
装丁・本文DTP……くまくま団
編集……武藤善仁
発行人……山手章弘
発行所……イカロス出版株式会社
〒101-0051
東京都千代田区神田神保町1-105
[URL] https://www.ikaros.jp/
印刷所……図書印刷株式会社

Printed in Japan